Wilfried J. Bartz · **Zur Geschichte der Tribologie**

Archivexemplar

Handbuch der Tribologie
und Schmierungstechnik
Band 1

Wilfried J. Bartz

Zur Geschichte der Tribologie

Mit 141 Bildern

Hanns Benninghoff
Waldwiesenweg 22
D 2350 Neumünster 1

CIP-Kurztitelaufnahme der Deutschen Bibliothek

Bartz, Wilfried J.:
Zur Geschichte der Tribologie / Wilfried J. Bartz. –
Ehningen bei Böblingen: expert-Verl., 1988
(Handbuch der Tribologie und Schmierungstechnik;
Bd. 1)
ISBN 3-8169-0313-4
NE: GT

ISBN 3-8169-0313-4

© 1988 by expert verlag, 7031 Ehningen bei Böblingen
Alle Rechte vorbehalten
Printed in Germany

Alle Rechte, insbesondere die der Übersetzung,
des Nachdrucks, der Entnahme von Abbildungen,
der photomechanischen Wiedergabe (durch
Photokopie, Mikrofilm oder irgendein anderes
Verfahren) und der Übernahme in Informations-
systeme aller Art, auch auszugsweise, vorbehalten.

Reihen-Vorwort

Das HANDBUCH DER TRIBOLOGIE UND SCHMIERUNGSTECHNIK soll bei der Lösung tribologischer Fragestellungen helfen. Es wendet sich daher nicht nur an den Hersteller von Schmierstoffen einerseits und den Anwender von Schmierstoffen andererseits, vielmehr mit Nachdruck auch an den Konstrukteur von Reibpaarungen, der nicht nur einen optimalen Schmierstoff auswählen, sondern die konstruktive Gestaltung der Reibstelle sowie die Wahl der Werkstoffpaarungen unter tribologischen Gesichtspunkten vorzunehmen hat.

Das HANDBUCH DER TRIBOLOGIE UND SCHMIERUNGSTECHNIK erscheint als eine Reihe in sich abgeschlossener Themenbände: Der Reihe vorangestellt wurden die Themen „Geschichte der Tribologie" und „Energieeinsparung durch tribologische Maßnahmen". Daran schließen sich dann Themenbände wie „Grundlagen der Schmierstoffe", „Getriebeschmierung", „Wälzlagerschmierung", „Motorenschmierung", „Grundlagen der Tribologie" usw. an.

Vorwort

Bereits mit der Entwicklung der vorderasiatischen Kultursprachen entstanden Keilschriftzeichen für Erdölprodukte. Man kann davon ausgehen, daß dieses Naturprodukt auch bereits zur Begünstigung von Bewegungsvorgängen verwendet wurde, also zur Verringerung der Reibung. Die Grundelemente heutiger Maschinenelemente wie Gleitlager als Radial- und Axiallager, Wälzlager und später Verzahnungen waren ebenfalls in der sog. vorgeschichtlichen Zeit, also vor 3.500 v. Chr., bekannt. Über viele Jahrtausende wurden sie weiterentwickelt und verfeinert, wobei es Perioden des Stillstandes gab. Eine stürmische Entwicklung setzte erst in der Renaissance mit der Entdeckung wichtiger tribologischer Gesetzmäßigkeiten, etwa zur Reibung, ein. In chronologische Zeitperioden aufgeteilt werden die wichtigsten Entwicklungen der Tribologie, also der Maschinenelemente, der Schmierstoff und der tribologischen Theorie dargestellt und kurz beschrieben.

Ostfildern, September 1987 Wilfried J. Bartz

Inhaltsverzeichnis

1 Einführung

Die Geschichte der Tribologie und Schmierungstechnik ist untrennbar mit der Geschichte des Erdöls verbunden, auch wenn die daraus gewonnenen Schmierstoffe erst im Verlauf des vergangenen Jahrhunderts eine Rolle spielen.

Wir können davon ausgehen, daß das Bitumen das erste Erdölprodukt war, das verwendet wurde. Die Hinweise dazu gehen bis auf etwa 6000 v. Chr. zurück (1).

Bild 1.1: Bau der Arche Noah nach einem Holzschnitt von M. Wohlgemuth, Nürnberg 1493

In der Bibel heißt es

> „Da sprach Gott zu Noah,
>
> Allen Fleisches Ende ist vor mich gekommen, denn die Erde ist voll des Frevels von ihnen; und siehe da, ich will sie verderben mit der Erde.
>
> Mache dir einen Kasten von Tannenholz und mache Kammern darin und verpiche ihn mit Pech inwendig und auswendig ......"

(siehe auch Bild 1.1)

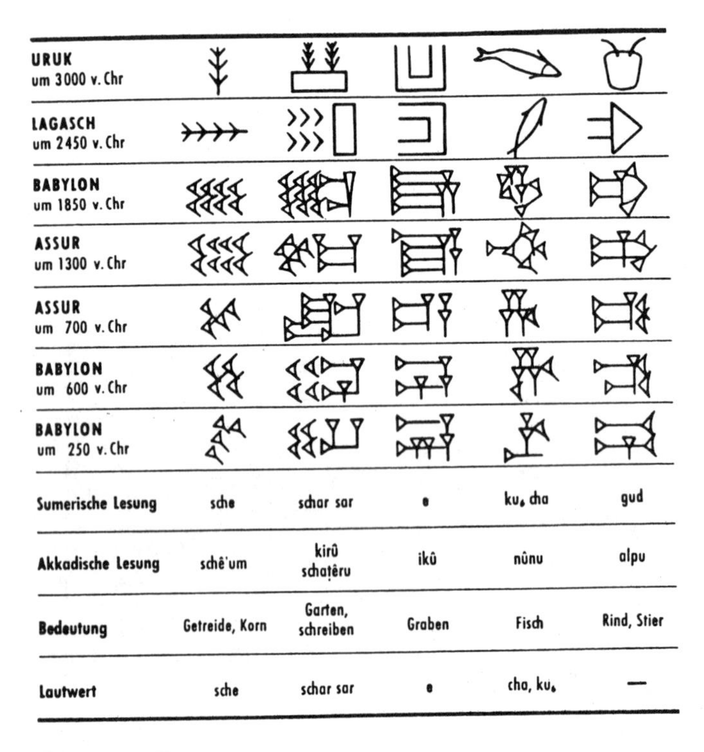

URUK um 3000 v. Chr					
LAGASCH um 2450 v. Chr					
BABYLON um 1850 v. Chr					
ASSUR um 1300 v. Chr					
ASSUR um 700 v. Chr					
BABYLON um 600 v. Chr					
BABYLON um 250 v. Chr					
Sumerische Lesung	sche	schar sar	e	ku$_6$ cha	gud
Akkadische Lesung	schê'um	kirû schaṭêru	ikû	nûnu	alpu
Bedeutung	Getreide, Korn	Garten, schreiben	Graben	Fisch	Rind, Stier
Lautwert	sche	schar sar	e	cha, ku$_6$	—

Bild 1.2: Entwicklung der Keilschrift

Mit der Entwicklung der vorderasiatischen Kultursprachen, Bild 1.2 zeigt die Entwicklung der Keilschrift (1), entstanden auch Schriftzeichen für Erdölprodukte (Bild 1.3).

Ein Beispiel für die Anwendung des wichtigsten Erdölproduktes dieser Zeit, des Bitumens, als Dichtungsmasse im Bauwesen zeigt Bild 1.4.

Sumerisch	Akkadisch	Deutsch
I	samnum	Öl, Fett
ESIR, KUN IN	ittu, kupru	Bitumen, Erdpech (ursprünglich „Quelle")
I ESIR	šaman itti	Öl von Bitumen
ESIR È A	kupru	Asphalt, Mastix
ESIR LAH	iṭṭu ellu, iṭṭu namru	glänzendes Bitumen
ESIR HUR SAG	ittu šadî	Bergasphalt
I KUR RA	šaman šadî	Öl aus dem Berge
ESIR A BA AL	iṭṭu mê ḫêrû	Bitumen aus dem Wasser
ESIR NE	iṭṭu išâti, iṭṭu šaripu	Feuerbitumen, brennendes Bitumen
Engur (altsumerisch)	apsû	Bitumen - Abgrund, (Süßwasserquelle)
DI , MUL	nabâṭu - naptu	leuchten - Naphtha

Bild 1.3: Keilschriftzeichen für Erdölprodukte

Neben der Entwicklung der Schmierstoffe soll insbesondere die Entwicklung der Maschinenelemente, für welche die Schmierstoffe vorgesehen sind, behandelt werden. Um den logischen Übergang von der Schmierungstechnik zur Tribologie zur vollziehen, wird auch die Entwicklung der Theorie, d. h. die Grundlagen der Reibung und ihrer Beeinflussung erläutert. Diesen Überlegungen werden als Zeitraster die wichtigsten Epochen der Menschheits- und Industriegeschichte unterlegt. Um den Rahmen dieses kurzen geschichtlichen Abrisses nicht zu sprengen, wurden die Entwicklung der Werkstoffe, insbesondere der Gleitwerkstoffe, aber auch die Aspekte der Schmierungstechnik ausgeklammert.

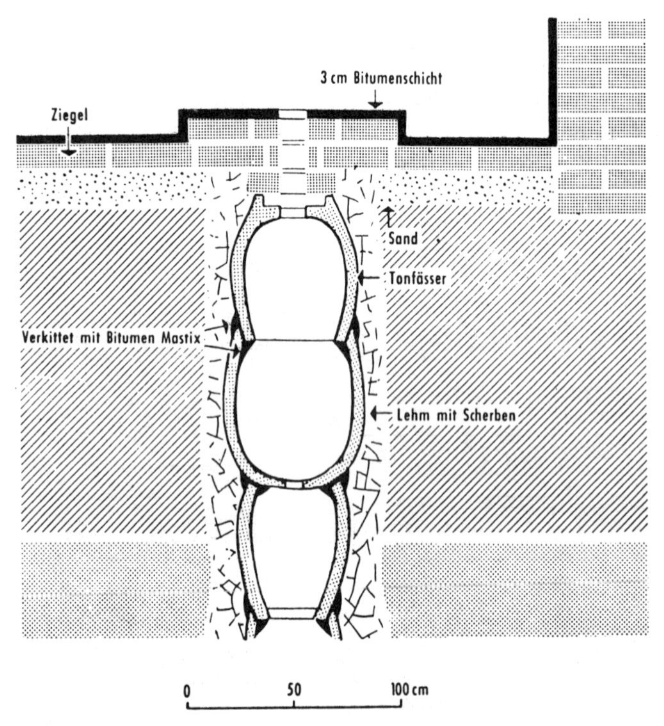

Bild 1.4: Sickerschacht in Babylon um 1500 v. Chr. mit Bitumenanwendung

2 Entwicklung der geschmierten Maschinenelemente

2.1 Allgemeines

Die folgenden Betrachtungen beschränken sich auf jene Maschinenelemente, die ihrerseits wichtig für die Entwicklung der Schmierstoffe, der theoretischen Grundlagen der Schmierungstechnik sowie der Theorie der Reibung und des Verschleißes sind. Es handelt sich also um die Gleitlager und Wälzlager sowie mit Einschränkungen um die Zahnradgetriebe (2, 3, 4, 5, 6).

2.2 In der vorgeschichtlichen Zeit (bis 3500 v. Chr.)

Das Vorhandensein tribologischer Elemente dürfte sich während dieser Epoche, auch bekannt als die Steinzeit, auf primitive Aushöhlungen in Steinen und Hölzern beschränken, die als Axiallager für Türpfosten dienten. Des weiteren wurden zum Bohren in Stein und Holz primitive Werkzeuge verwendet, deren Drehbewegung von einer Art in der Hand gehaltener Lager abgestützt wurde. Irgendwelche bildlichen Darstellungen aus dieser Zeit zu solchen Elementen sind nicht bekannt.

2.3 In der frühen Zivilisation (nach 3500 v. Chr.)

Aus dieser Epoche findet man bildliche Darstellungen der Gleitlagerungen, die bereits früher bekannt waren. Bild 2.1 zeigt eine Steinzapfenlagerung für eine Tempeltür aus der Zeit um 2500 v. Chr. Die bereits erwähnte axiale Abstützung eines Bohrwerkzeugs mit der Hand erkennt man in einer Darstellung um 1450 v. Chr. (Bild 2.2).

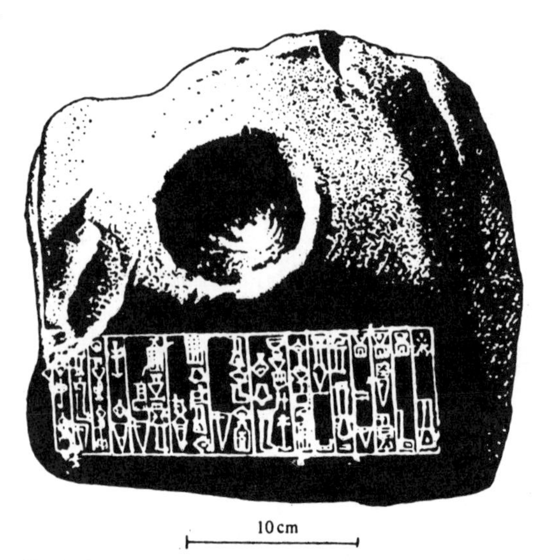

Bild 2.1: Steinzapfenlagerung einer Tempeltür aus der Zeit um 2500 v. Chr.

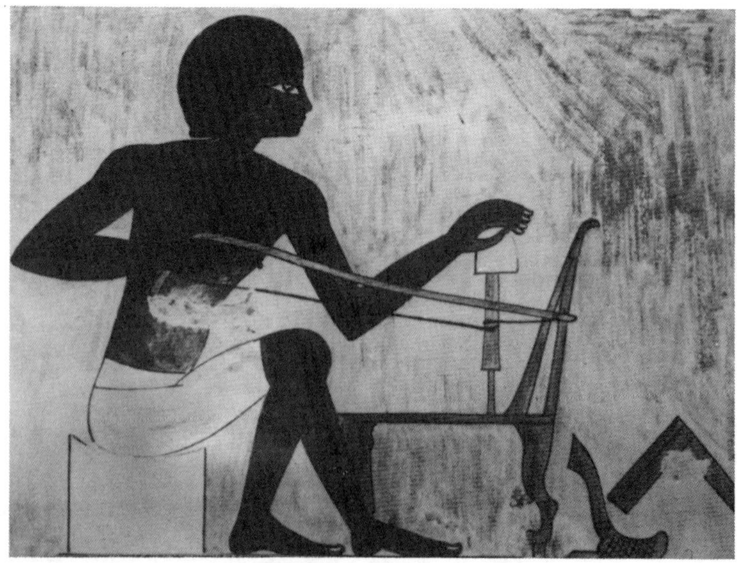

Bild 2.2: Von Hand abgestützte Lagerung eines Bohrers aus der Zeit um 1450 v. Chr.

Auch die Lagerung einer Töpferscheibe aus der Zeit um 2000 v. Chr., die in Bild 2.3 dargestellt ist, dürfte ebenfalls bereits früher bekannt gewesen sein. Sie enthält alle Elemente einer Axiallagerung mit optimalem und einstellbarem Spiel, das sich durch Abrieb in Abhängigkeit von Geschwindigkeit und Schmierstoffviskosität (Wasser) von selbst ergibt.

Bild 2.3: Lagerung einer Töpferscheibe aus Jericho aus der Zeit um 2000 v. Chr.

Es ist nicht verwunderlich, daß Gleitlagerungen die ersten Maschinenelemente waren, da der Mensch Lasten, die zu schwer waren, auf dem Boden hinter sich herzog. Dieses System ist eine Gleitlagerung. Insbesondere im Transportwesen waren Gleitreibungsprobleme zu lösen. Bild 2.4 zeigt den Transport der Statue des Ti, dargestellt in einem Grab bei Saqqara aus der Zeit um 2400 v. Chr. Die Statue wurde dazu auf einem Kufenschlitten gezogen. Zur Verringerung der Gleitreibung wendete man wohl einen Schmierstoff an, wahrscheinlich Wasser, der von einem rückwärts vor dem Schlitten schreitenden Mann aus einem Behälter ausgeschüttet wurde. Es handelt sich um die erste bildliche Darstellung eines Tribologen in der Geschichte dieses Fachgebietes.

Bild 2.5 zeigt ein ganz analoges Transportproblem aus der Zeit um 1880 v. Chr. Die Statue befindet sich wieder auf einem Kufenschlitten und muß von vielen Transporteuren gezogen werden. Es handelt sich offensichtlich um Sklaven, worauf die umfangreiche Wachmannschaft hindeutet. Zur

Bild 2.4: Transport der Statue des Ti um 2400 v. Chr. (Grab bei Saqqara)
a) Gesamtbild
b) Ausschnitt

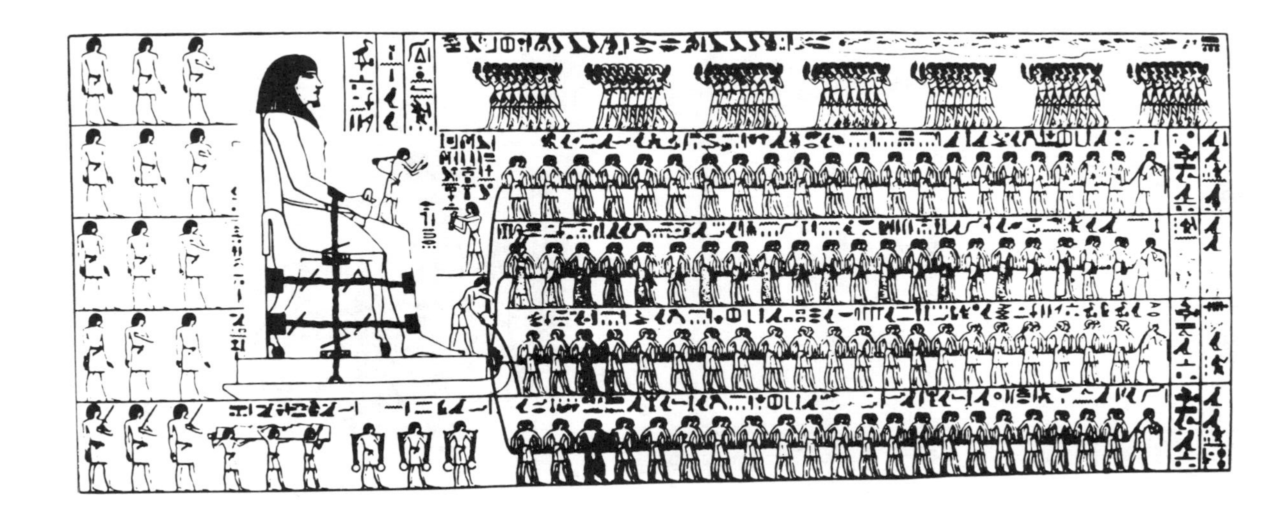

Bild 2.5: Transport einer ägyptischen Statue um 1880 v. Chr. (Grab des Tehuti-Heteb, El-Bersheh)

Verringerung der Gleitreibung gießt wieder ein Tribologe einen Schmierstoff auf den Boden vor dem Schlitten. Der einzige erkennbare „tribologische" Fortschritt der inzwischen vergangenen 520 Jahre besteht offensichtlich darin, daß der Tribologe auf dem Schlitten mitfahren kann und nicht laufen muß – eine ganz erhebliche Aufwertung dieses Berufsstands.

Räder, die als Verschleißschutz am Umfang mit Kupfernägeln beschlagen waren, finden sich aus der Zeit um 2500 v. Chr. Bild 2.6 zeigt einige Exemplare, welche in den königlichen Höhlen von Susa Apadana gefunden wurden. Bemerkenswert sind die sauberen runden Ausschnitte in der Mitte, offensichtlich die Lager, welche auf dem Zapfen einer feststehenden Achse liefen.

Irgendwann erkannte man dann auch, daß die Bewegungswiderstände bei Wälzreibung niedriger als bei Gleitreibung sind. Von den Assyrern ist die Darstellung des Transports

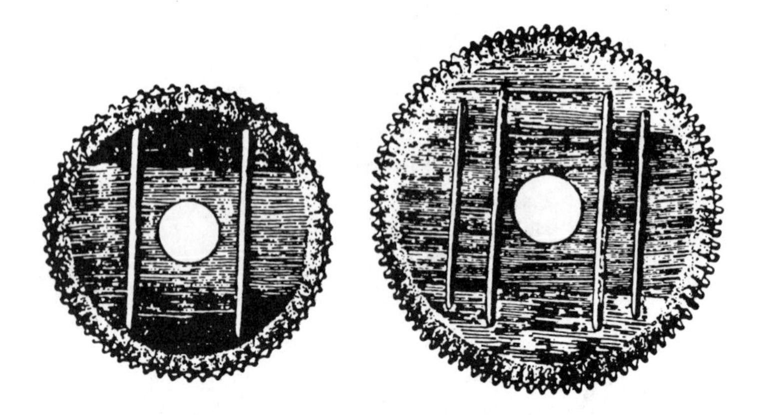

Bild 2.6: Nägel am Umfang von Holzrädern zum Verschleißschutz mit Lagerausschnitten in der Mitte aus der Zeit um 2500 v. Chr. (Susa Apadana)

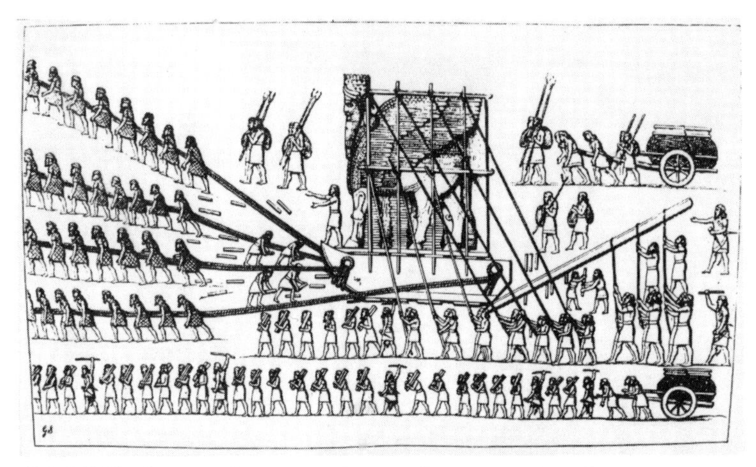

Bild 2.7: Anwendung von Holzstämmen beim Transport einer Figur um 700 v. Chr. (Assyrien, Relief aus Konyunjik)

einer Figur überliefert, etwa aus der Zeit um 700 v. Chr., bei welcher man vorne unter den Kufenschlitten hölzerne Stämme legte, die man hinter dem Schlitten wieder einsammelte (Bild 2.7). Man könnte diese Lösung des Problems durchaus als erste, primitive Form einer Wälzlagerung bezeichnen.

Erste Darstellungen von Getrieben findet man in der Nachbildung des berühmten „Süd-anzeigenden Karrens" aus China. Das Original stammt aus der Zeit um 225 v. Chr. Nach einer einmal erfolgten Einstellung wies die Hand der Figur stets nach Süden, gleich in welcher Richtung sich der Karren bewegte. Die Übertragung der Bewegung erfolgte über Differentialgetriebe (Bild 2.8).

Noch früher wurden in Ägypten Zahnradgetriebe aus Holz gebaut, die „Kamel-getrieben" für Wasserschöpfwerke verwendet wurden (Bild 2.9). Nur der Kuriosität wegen sei erwähnt, daß sich an Konstruktion, Werkstoff, Ausführung und Antrieb bis heute kaum etwas geändert hat (Bild 2.10).

Bild 2.8: Süd-anzeigender Karren aus China mit Getrieben (um 225 v. Chr.)

Daß in dieser Zeit auch eine Art Schrägverzahnung bekannt war, erkennt man aus Bild 2.11, der Nachbildung einer Baumwollentkernmaschine aus Indien.

2.4 In der griechischen und römischen Zeit (900 v. Chr. – 400 n. Chr.)

Interessant in dieser Periode sind vor allem die Entwicklungen auf dem Gebiet der Gleitlagertechnik und Getriebetechnik, aber auch die Anfänge der Wälzlagertechnik.

Bild 2.9: Sakie aus Luxor zum Wasserheben
(Ägyptische Zeit)

Bild 2.10: Wasserhebewerk in Ägypten

Bild 2.12 zeigt die Konstruktion einer Kornmühle, in welcher im 4. Jahrhundert v. Chr. zum ersten Mal das Kurbelprinzip

Bild 2.11: Baumwollentkernmaschine aus Indien

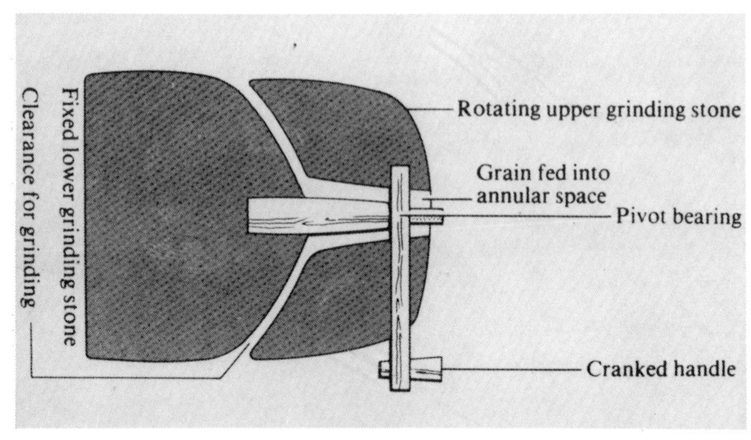

Bild 2.12: Kornmühle mit Zapfen-Lagerung (Gleitlager) aus Griechenland (4. Jahrhundert v. Chr.)

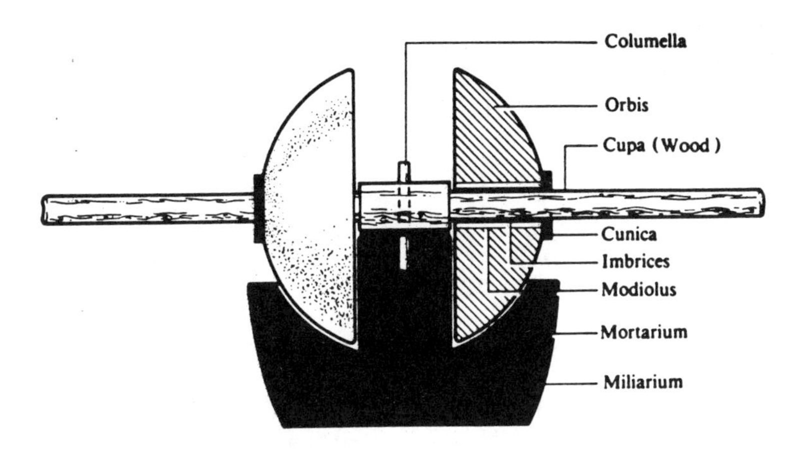

Bild 2.13: Oliven-Brechmühle mit Eisen-Lagerschalen aus Griechenland (4. Jahrhundert v. Chr.)

angewendet wurde. Die Kurbel mit den daran befestigten Mahlsteinen wurde in einem Zapfenlager geführt. Eingesetzte Lagerschalen, und zwar aus Eisen, findet man als Weiterentwicklung der Gleitlagertechnik auch im 4. Jahrhundert v. Chr. in einer griechischen Oliven-Brechmühle zum Trennen des Kerns von der Frucht (Bild 2.13). Diese Technik der eingesetzten Gleitlagerschalen findet man auch bei den Römern dieser Zeit. Bild 2.14 zeigt Vorrichtungen zum Transport behauener Steinquader aus dem 1. Jahrhundert v. Chr. Die metallischen Ringe als Lagerschale, in denen sich eiserne Zapfen als Wellen drehten, sind gut erkennbar.

Aus der Zeit um 60 v. Chr. dürfte das vom Griechen Hero entwickelte Modell eines Theaters stammen (Bild 2.15). Über eine sinnvolle Mechanik, die durch Dampf und hydraulische Kräfte betätigt wurde, öffneten sich automatisch die Türen. Um die Reibung zu vermeiden, waren die Türen in Spitzenlagern gelagert.

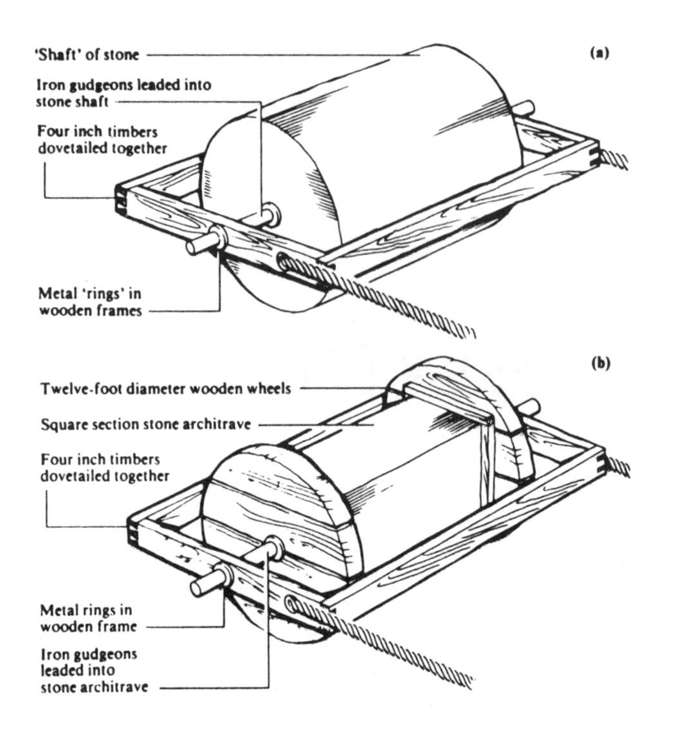

Bild 2.14: Verfahren zum Transport behauener Steine (Rom) mit eisernen Zapfen und Lagerringen (Rom, 1. Jahrhundert v. Chr.)

Eine gewisse Bewunderung müssen uns die Versuche, Wälzlager zu bauen, abnötigen. Aus der Zeit um 50 n. Chr. stammen die Schiffe vom See Nemi, auf denen sich drehbare Plattformen befanden. Bild 2.16 zeigt das Fragment einer solchen Plattform mit Kugeln aus Bronze, welche mit Führungszapfen versehen waren . Die Kugeln konnten sich nicht frei, sondern nur um diese Zapfen drehen. Die Rekonstruktion der Plattform zeigt Bild 2.17, und man erkennt die wichtigsten Elemente eines Axiallagers. Noch interessanter sind die in Bild 2.18 gezeigten Fragmente, die ebenfalls zu

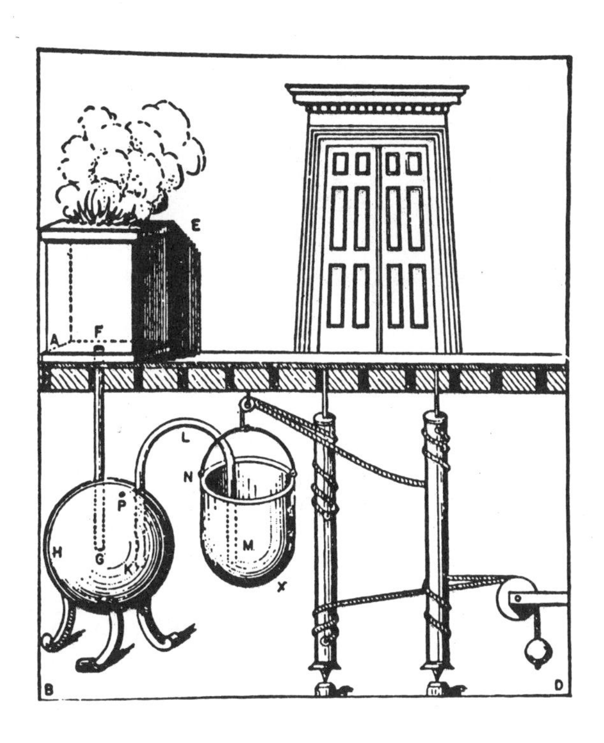

Bild 2.15: Hero's Theatermodell mit automatisch öffnenden Türen auf Spitzenlagern (ca. 60 v. Chr.)

einer hölzernen drehbaren Plattform gehörten. Sie zeigen zapfengeführte konische Rollen aus Holz. Aus ihnen wurde die in Bild 2.19 dargestellte Rekonstruktion eines Axial-Kegelrollenlagers abgeleitet.

Interessant sind die Ausführungen einer Schneckenverzahnung des großen Ingenieurs, Erfinders und Gelehrten Archimes (geb. 287 v. Chr.). Sie wurden von Pappus (284 bis 305 n. Chr.) beschrieben (Bild 2.20). Er führte auch aus, wie durch Kombination einer Schneckenverzahnung mit verschiedenen Stufen von Stirnradverzahnung eine Winde

Bild 2.16: Fragment einer drehbaren Holzplattform mit Bronzekugeln aus den Schiffen vom See Nemi (ca. 50 n. Chr.)

konstruiert werden konnte (Bild 2.21), mittels der durch eine Eingangskraft von etwa 130 kg ein Gewicht von etwa 26 t gehoben werden konnte. Die Ausführung einer Schnekkenwinde nach Heron aus dem 2. Jahrhundert n. Chr. zeigt Bild 2.22.

2.5 Im Mittelalter (400 bis 1450)

In dieser Zeit findet man relativ wenige bildliche Darstellungen zum Entwicklungsstand der Maschinenelemente. Wesentlich vorangekommen ist die Entwicklung offensichtlich nicht, wie die Maschinerie eines Uhrwerks der Kathedrale von Wells aus dem Jahre 1392 zeigt (Bild 2.23). Sowohl die Verzahnungen sind relativ primitiv wie auch die Gleitlagerungen, die jedoch Lagerhülsen aus Bronze besaßen.

Aus der Zeit um 1200 sei eine arabische Wasserhebemaschine mit zwei Zahnradpaarungen aus der Gegend am oberen Tigris getreu dem alten Original wiedergegeben

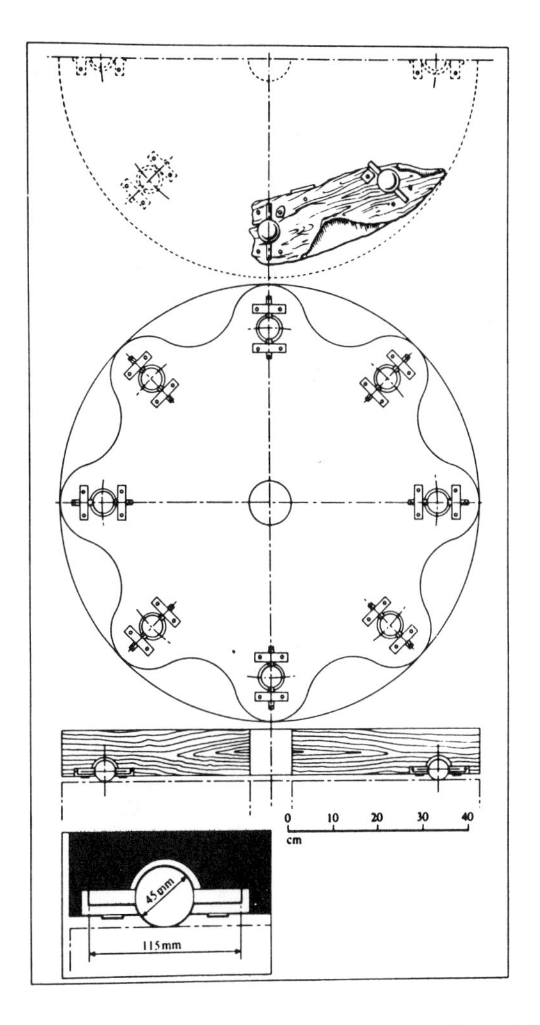

Bild 2.17: Aus dem Fragment nach Bild 2.13 rekonstruiertes Axialkugellager

(Bild 2.24). Die Zeichenkunst war offensichtlich noch nicht besonders entwickelt. Auch die Windmühlen dieser Zeit verwendeten Zahnradpaarungen, allerdings aus Holz.

Bild 2.18: Fragmente einer drehbaren Holzplattform mit hölzernen Kegelrollen aus den Schiffen vom See Nemi (ca. 50 n. Chr.)

Bild 2.25 zeigt die Hauptwelle mit den Mahlsteinwellen einer solchen Mühle. Diese Art Konstruktion und Werkstoff hat sich über Jahrhunderte nicht verändert (Bild 2.26). Oft wurden solche Mühlen nicht vom Wind, sondern vom Betreiber angetrieben (Tretmühle). Bild 2.27 zeigt hierfür ein Beispiel aus der Zeit um 1430. Ein weiteres Beispiel erkennt man in Bild 2.28 aus der gleichen Zeit. Ebenso wie die Zahntriebe werden die Gleitlagerungen als einfache Zapfen dargestellt.

2.6 In der Renaissance (1450–1600)

Die Renaissance war die Zeit Leonardo da Vincis (1452–1512), des genialen Malers, Ingenieurs und Baumeisters, der oft auch als größtes Genie aller Zeiten bezeichnet wird (Bild 2.29). Es ist weitgehend unbekannt, daß er sich in-

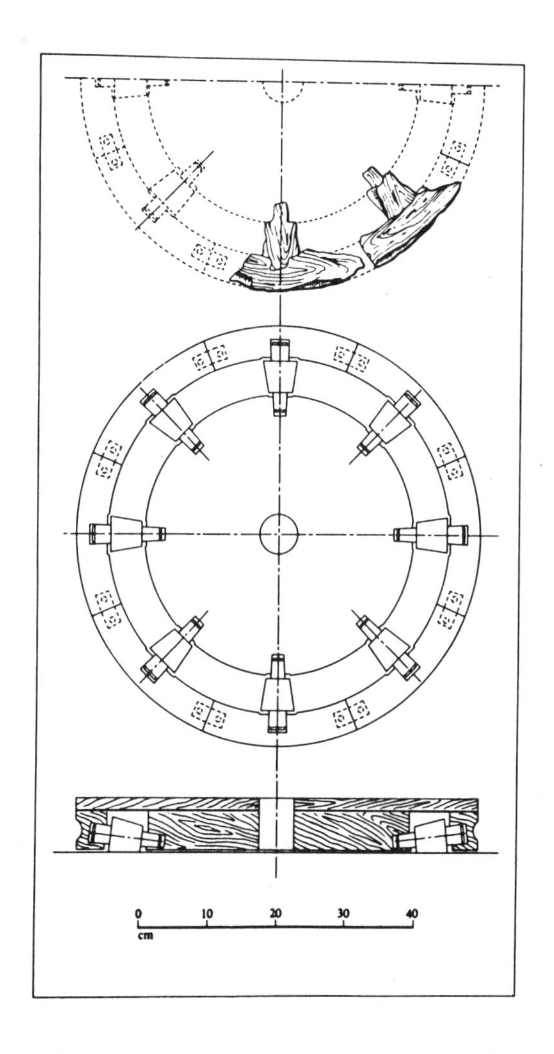

Bild 2.19: Aus den Fragmenten nach Bild 2.15 rekonstruiertes Axialkegelrollenlager

Bild 2.20: Schneckenverzahnung von Archimedes
(3. Jahrhundert v. Chr.) (nach Pappus)

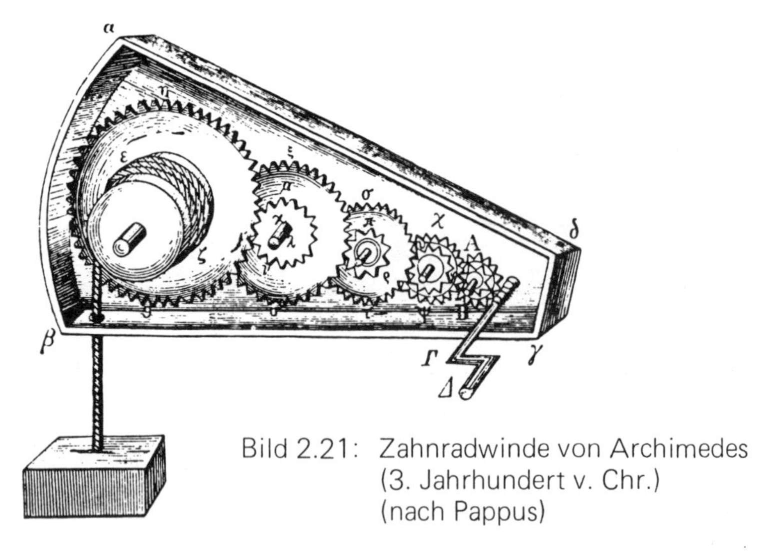

Bild 2.21: Zahnradwinde von Archimedes
(3. Jahrhundert v. Chr.)
(nach Pappus)

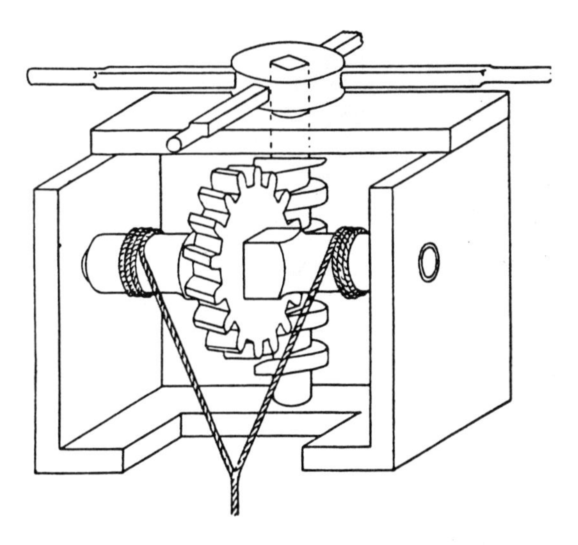

Bild 2.22: Schneckenwinde des Heron (2. Jahrh. n. Chr.)

tensiv mit den Maschinenelementen und mit tribologischen Fragen befaßte. Die meisten seiner Niederschriften und Skizzen zu diesem Thema finden sich im sog. Codex Altanticus (erschienen Ende des 19. Jahrhunderts) und im sog. Codex Madrid (erschienen 1967) nach Originalaufzeichnungen und Manuskripten. Leonardo erkannte die Vorteile der Wälzreibung im Vergleich zur Gleitreibung und machte sich Gedanken über entsprechende Lagerungen. Bild 2.30 enthält Skizzen zu Wälzscheiben-Lagern. Weitere Ausführungen dazu zeigt Bild 2.31 und es wird klar, daß er offensichtlich fasziniert von dieser Art der Bewegungs- und Kraftübertragung war. Bei dieser Art Lagerung stützt sich der Wellenzapfen auf zwei oder auf drei Wälzscheiben ab, wie es in Bild 2.32 dargestellt ist. Leonardo erkannte auch das Problem sich berührender Wälzkörper in Wälzlagern. Er schrieb wörtlich „... wenn sich die Kugeln oder Rollen während der Be-

Bild 2.23: Uhrwerk der Kathedrale von Wells (1392)

wegung berühren, gestalten sie die Bewegung schwieriger als wenn kein Kontakt zwischen ihnen herrscht, weil ihre Berührung durch gegenläufige Bewegungen gekennzeichnet ist und die entstehende Reibung gegenläufige Bewegung erzeugt ...". Diese Erkenntnis führte zur Konzeption von Käfigen zur Abstandshaltung der Wälzkörper, wie es in Bild 2.33 in einer sehr einfachen Ausführung gezeigt wird. Verschiedene Ausführungen von auf Wälzele-

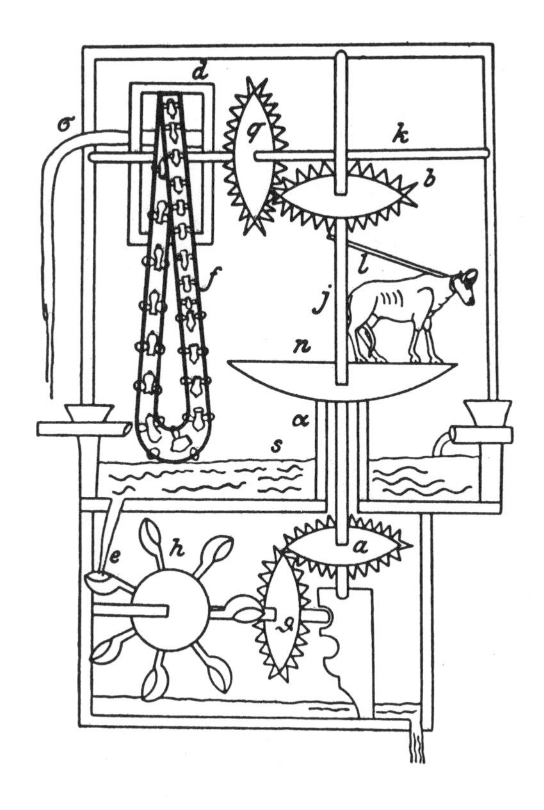

Bild 2.24 Wasserhebemaschine mit Zahnradpaarungen aus der Gegend des oberen Tigris (um 1200)

menten, Kugeln oder Kegeln abgestützten Spitzenlagern erkennt man in Bild 2.34. Leonardo stellte übrigens auch fest, daß drei Wälzkörper besser als vier sind, weil im ersten Fall die Abstützung auf allen Wälzkörpern gesichert ist. Er machte sich aber auch über die Verbesserung von Gleitlagern Gedanken, indem er einstellbare Lagerblöcke zum Nachstellen des durch Verschleiß veränderten Lagerspiels (Bild 2.35) vorschlug. Diese Technik der „gespaltenen" Lagerbuchsen geriet dann mehrere hundert Jahre lang in

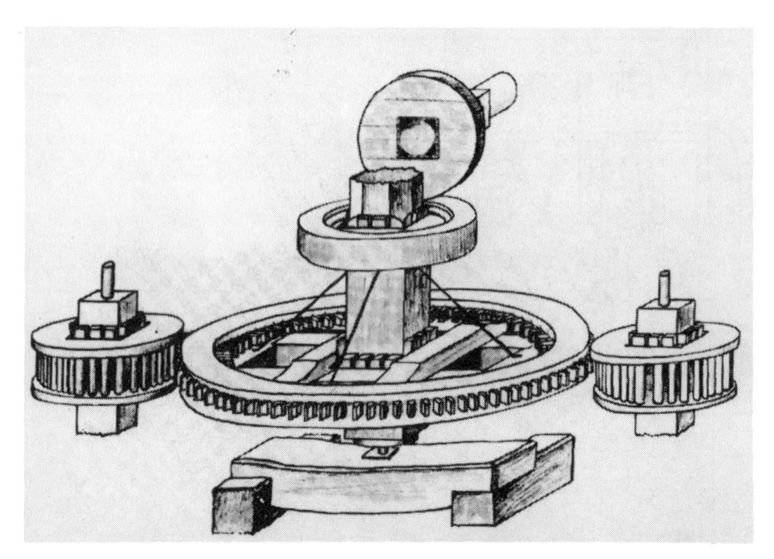

Bild 2.25: Hauptwelle mit beiden Mahlsteinwellen in der Bokeler Mühle (12. Jahrhundert und später)

Bild 2.26: Ritzel und Kammrad einer Windmühle aus dem 18. Jahrhundert

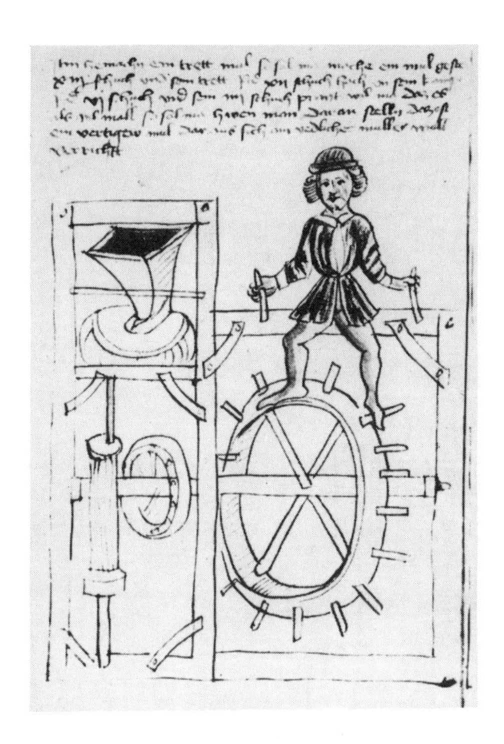

Bild 2.27: Tretmühle aus der „Münchener Bilderhandschrift" (um 1430)

Vergessenheit. Leonardo hatte übrigens zur Reibungssenkung einen Lagerwerkstoff aus einer Kupfer/Zinn-Legierung vorgeschlagen.

Zukunftsweisend sind auch Leonardos Überlegungen zur Zahnradtechnik. Die Bilder 2.36 a und b zeigen Beispiele aus den Skizzen von Leonardo da Vinci für verschiedene Zahnradtypen. Wie in vielen Dingen war er seiner Zeit weit voraus. Dies erkennt man auch an seiner Handzeichnung für ein Getriebe, mit dem eine hin- und hergehende Bewegung in eine gleichförmige Drehbewegung umgesetzt werden soll-

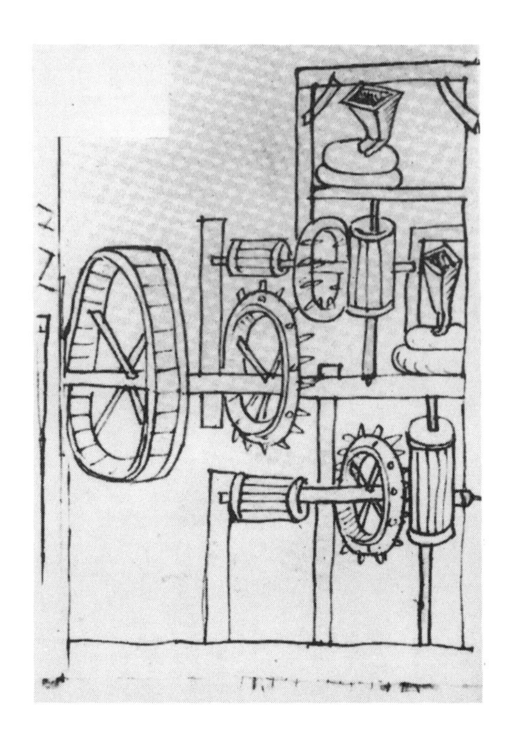

Bild 2.28: Wassermühle mit zwei Mahlgängen aus der „Münchener Bilderhandschrift" (um 1430)

te (Bild 2.37). Auch um die Produktionstechnik machte er sich Gedanken. Bild 2.38 zeigt seinen Vorschlag für ein Ziehwerk für Eisenstäbe mit unmittelbarem Antrieb durch eine Wasserturbine.

Ohne auf Einzelheiten einzugehen, sei doch erwähnt, daß in diese Zeit die Entdeckung der Rollkurven für die Zahnradtechnik fiel. Als erster studierte der deutsche Kardinal Nikolaus Cusanus (1401–1464) die Zykloide (Bild 2.39).

Bild 2.29: Leonardo da Vinci
Selbstportrait im Alter von 60 Jahren (1512)

Gemessen an dem Stand der Technik in den Gedanken und Skizzen von Leonardo muten die tatsächlichen Ausführungen der Maschinenelemente reichlich primitiv an. Bild 2.40 zeigt die Abbildung eines Bergbaukarrens von Agricola (1490–1555). Die eisernen Achszapfen liefen ohne dazwischen befindliche Buchsen in Holzrädern. Die in Bild 2.41 dargestellten Gleitlagerzapfen eines Schöpfwerks aus Eisen wiesen nicht einmal eine radiale Fütterung auf, sondern drehten sich frei auf einer Eisenplatte. Auch hinsichtlich der Zahnradtechnik ist kein Fortschritt erkennbar.

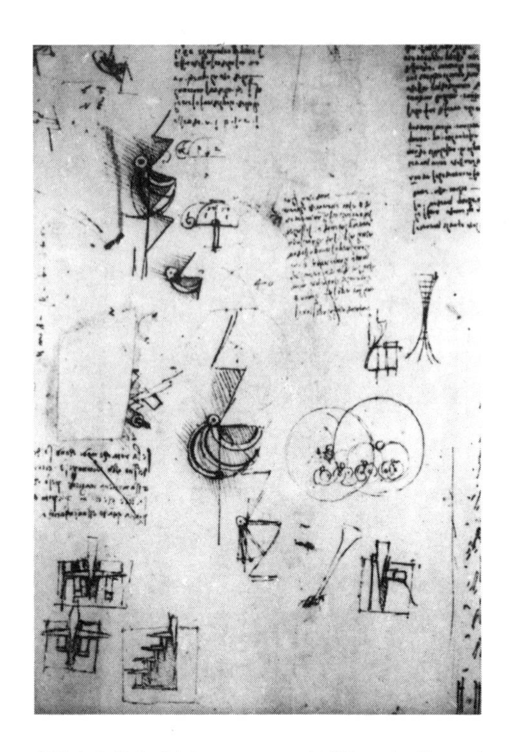

Bild 2.30: Skizzen von Wälzscheiben-Lagern (Leonardo da Vinci)

Interessant ist die Lagerung einer Töpferscheibe nach Piccolpasso aus der Zeit um 1550 (Bild 2.42). Sie ist gekennzeichnet durch eine Spitzenlagerung am unteren Ende der Welle und ein oberes Führungslager.

Die Wälzlager- oder zumindest Wälzscheibenlager-Entwicklung machte Fortschritte. Bild 2.43 zeigt die Abstützung eines Durchzuges durch Rollen oder Scheiben eines Schöpfwerks nach Ramelli aus der Zeit um 1588. Bei I und H in Bild 2.44 erkennt man ebenfalls solche Wälzscheiben-Lage-

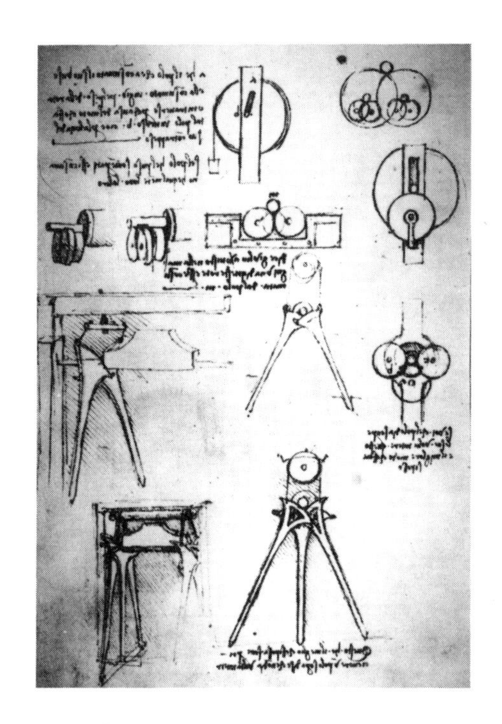

Bild 2.31: Skizzen von Wälzscheiben-Lagern für kontinuierliche und oszillierende Bewegung (Leonardo da Vinci)

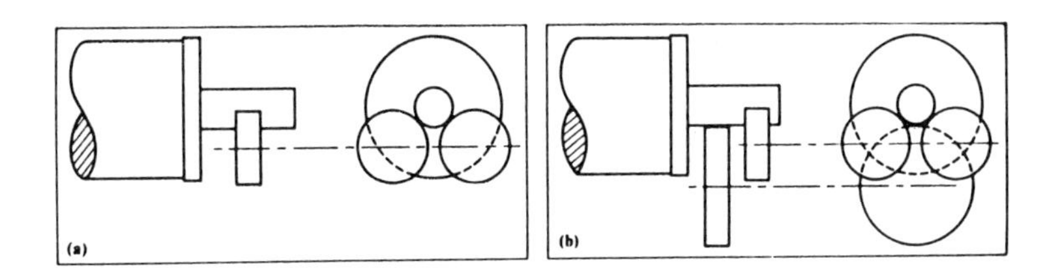

Bild 2.32: Zwei- und Dreischeiben-Lagerung nach Leonardo da Vinci

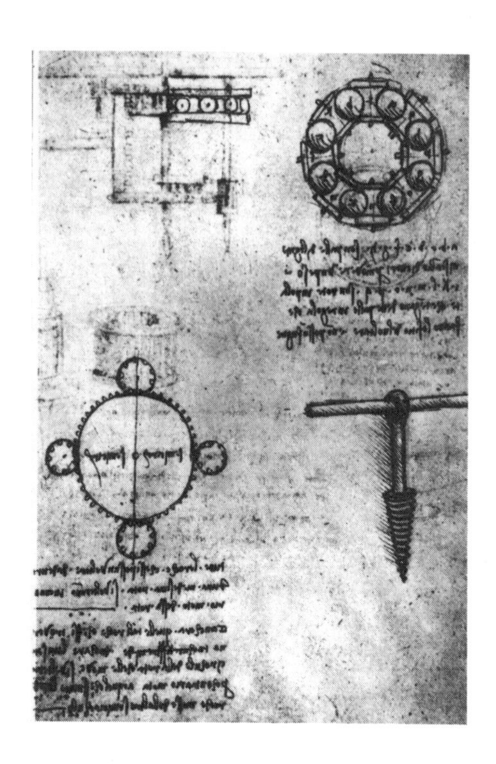

Bild 2.33: Erste Formen eines Käfigs für Wälzlager
(Leonardo da Vinci)

rungen eines Kettenförderers (nach Ramelli, 1588). Die Verzahnungen sind sehr einfach. Trotzdem war man durchaus in der Lage, anspruchsvolle Verzahnungen zu bauen, wie das Beispiel in Bild 2.45 für einen Schneckengetriebeexpander (Ramelli, 1588) zeigt. Die Abstützung erfolgte wieder über Rollkörper (zweites Teilbild von oben).

Weitere Beispiele für Verzahnungen und ihre Anwendung zeigt Bild 2.46 a und b nach Ramelli (1588). Daß es aber auch weiter entwickelte Umsetzungen des bereits vorhande-

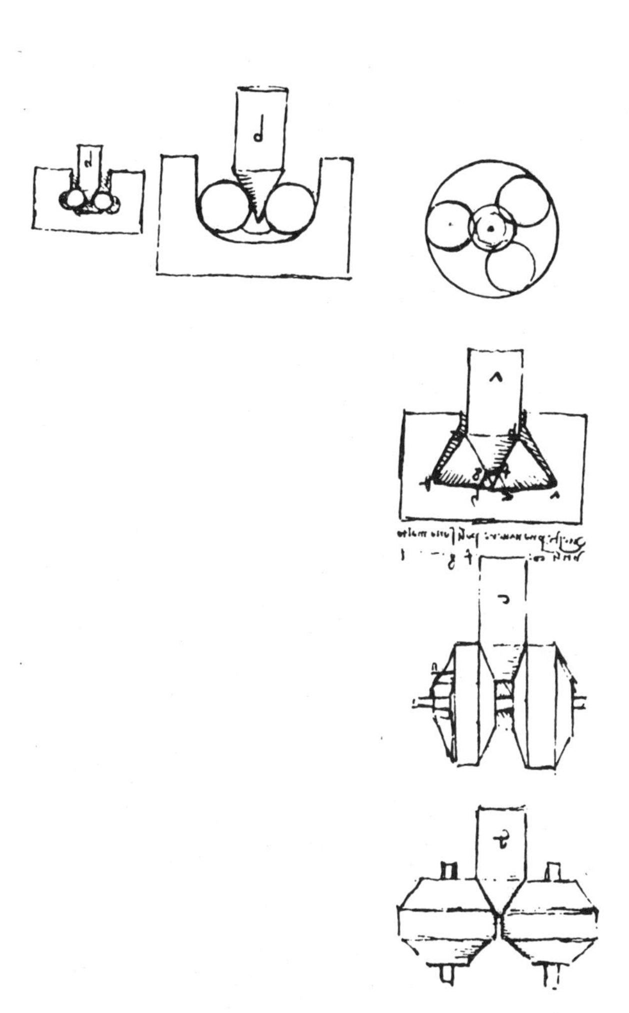

Bild 2.34: Skizzen für Kugel-, Kegel- und Spitzenlager
(Leonardo da Vinci)

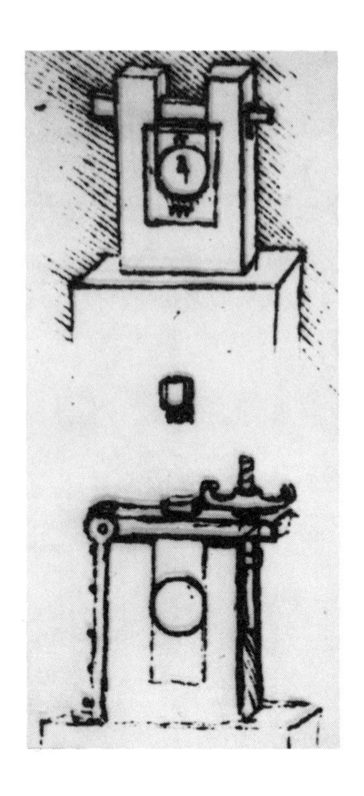

Bild 2.35: Einstellbare Lagerblöcke (Leonardo da Vinci)

nen Wissens um die Zahnradtechnik gab, zeigt das Beispiel der Räderuhren. Die Uhrmacher jener Zeit wußten sehr wohl mit Zahnrädern, nicht unbedingt mit Lagern, umzugehen, wie die alte Münsteruhr aus Überlingen am Bodensee aus dem Jahr 1540 zeigt (Bild 2.47). In anderen Bereichen blieb die primitive Technik der Zahnradformen erhalten. Bild 2.48 zeigt den Wasserradantrieb für ein Rührwerk nach Agricola (1556) und Bild 2.49 seinen drehbaren Hüttenkran.

2.7 In der Zeit der beginnenden industriellen Revolution (1600–1750)

Wie noch zu zeigen sein wird, war diese Epoche zwar durch Erarbeitung neuer grundlegender Erkenntnisse auf dem Ge-

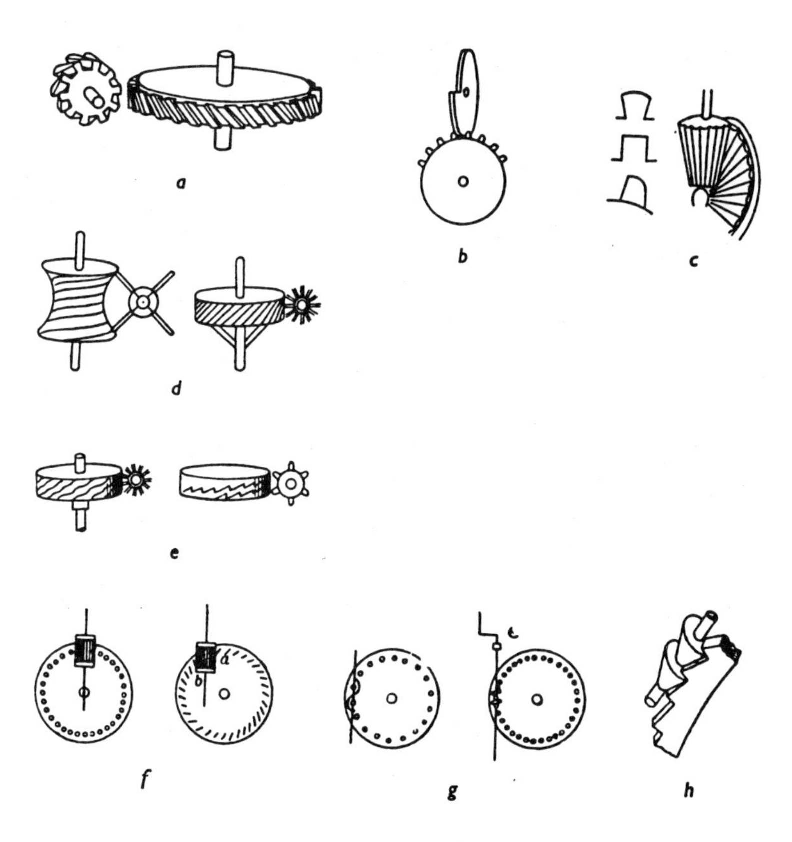

Bild 2.36: Beispiele für Zahnradtypen aus den Skizzen von Leonardo da Vinci

a) Ein Paar Schraubenräder
b) Eingängige Schraube
c) Kegelrad und Zahnformen
d) Globoid-Schraubenräder (Hohlform)
e) Globoid-Schraubenräder mit welligen Schraubenflächen
f) Winkelrädergetriebe mit sich schneidenden und mit geschränkten Achsen
g) Schneckenradgetriebe
h) Schraube mit Trapezgewinde

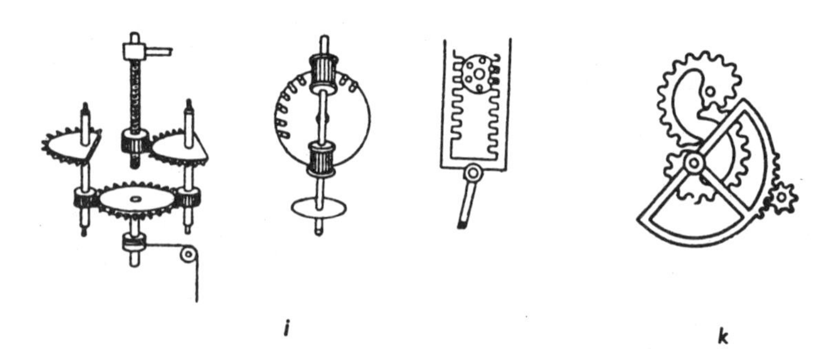

Fortsetzung Bild 2.36:

i) Getriebe, die eine Drehbewegung in eine hin- und hergehende verwandeln und umgekehrt
k) Getriebe mit unrunden Zahnrädern

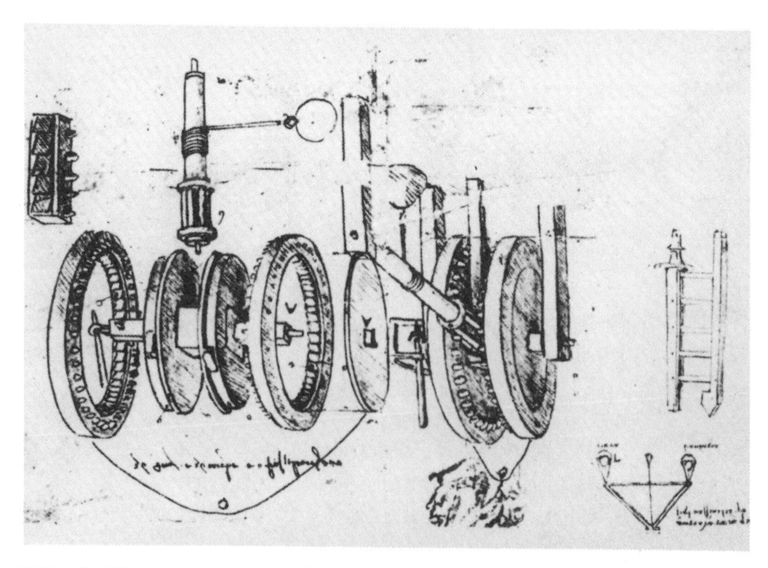

Bild 2.37: Leonardo da Vinci's Handzeichnung für ein Getriebe, mit dem eine hin- und hergehende Bewegung in eine gleichförmige Drehbewegung umgewandelt wird

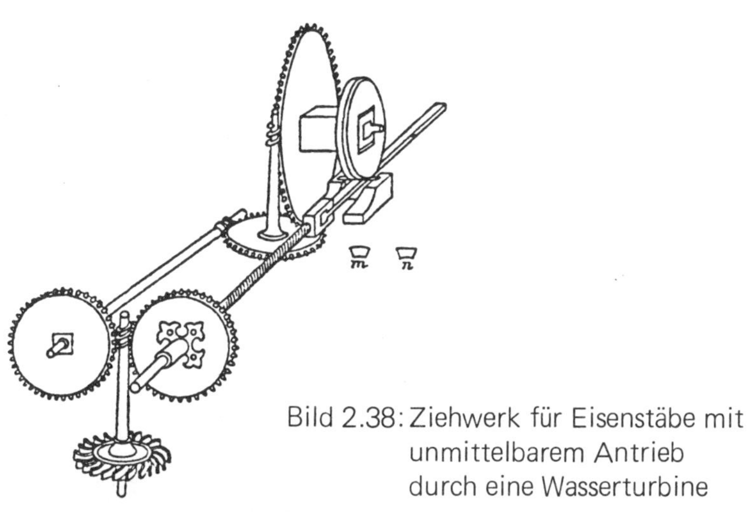

Bild 2.38: Ziehwerk für Eisenstäbe mit unmittelbarem Antrieb durch eine Wasserturbine

Bild 2.39: Grabstein des deutschen Kardinals und Mathematikers Nikolaus Cusanus in Rom

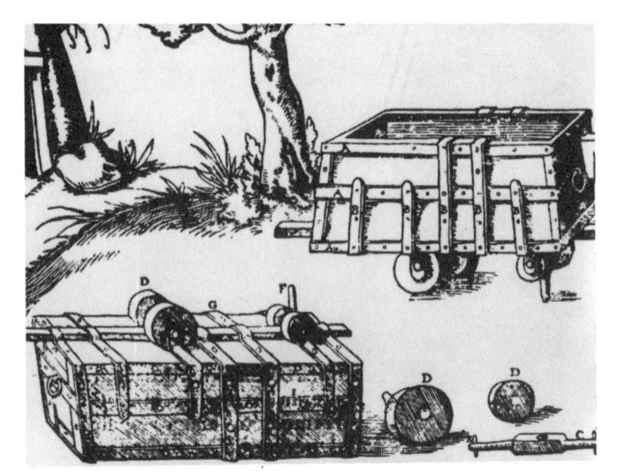

Bild 2.40: Eisenachsen in Holzrädern nach Agricola (um 1500)

Bild 2.41: Primitive Gleitlagerungen und Verzahnungen einer Pumpe im 16. Jahrhundert (nach Agricola)

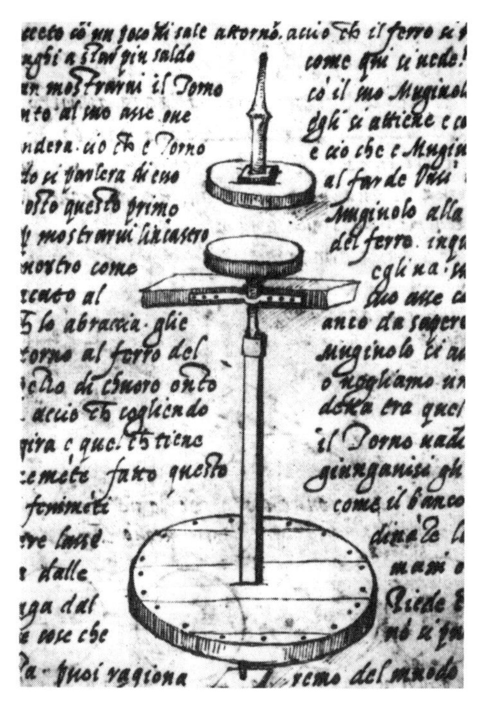

Bild 2.42: Spitzenlager und Führungslager einer Töpferscheibe um 1500 nach Piccolpasso

biet der Tribologie gekennzeichnet, während die Entwicklungen auf dem Gebiet Maschinenelemente nicht so augenfällig waren. Natürlich blieb der technische Stand nicht unverändert, einige interessante Weiterentwicklungen waren erkennbar.

Die in Bild 2.50 gezeigte Maschinerie zu Beginn des 17. Jahrhunderts diente der Öffnung von Türen. Zur Abstützung des Hauptdrehzapfens war eine Spitzenlagerung vorgesehen, eine gerne verwendete Axiallagerung. Bemerkenswert ist auch das Schraubradgetriebe.

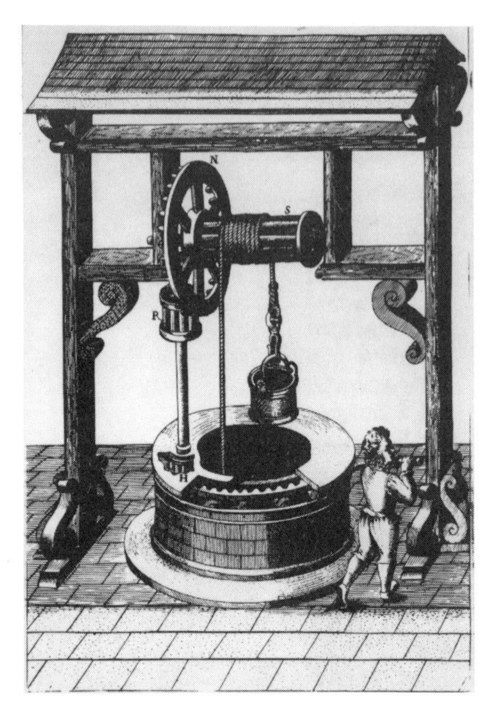

Bild 2.43: Brunnenwinde mit Wälzlagerabstützung und einfachen Zahntrieben nach Ramelli (1588)

Daß die Idee von Leonardo da Vinci, geteilte Lagerblöcke für Gleitlagerzapfen zu verwenden, auf fruchtbaren Boden fiel, zeigt die in Bild 2.51 dargestellte Druckpresse. Die Zapfen der Holzrollen (A) liefen in geteilten Lagerblöcken (B). Den Stand der Gleitlagertechnik zu Beginn des 18. Jahrhunderts sieht man in Bild 2.52. Dargestellt ist die Gleitlagerung einer Werkzeugmaschine. Deutlich erkennbar sind wieder die geteilten Lagerblöcke mit einer durch Schrauben betätigten Nachstellmöglichkeit zur Kompensation des Verschleißes.

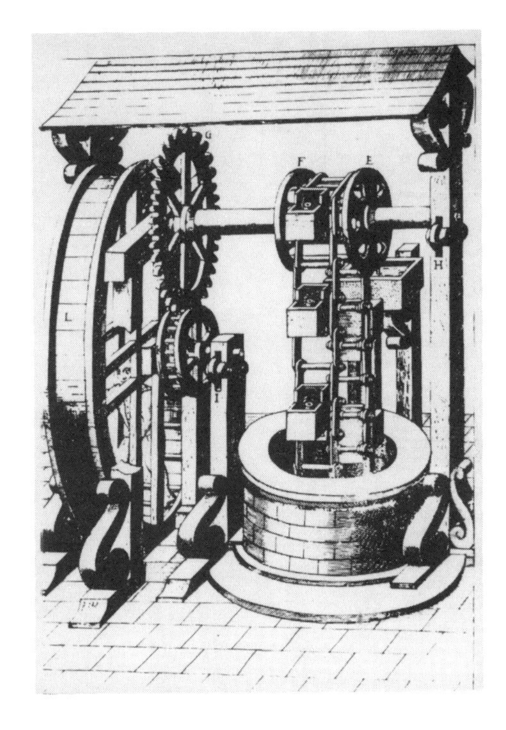

Bild 2.44: Wälzscheibenlager-Abstützung (bei H und I) und Verzahnung an einem Hebewerk nach Ramelli (1588)

Sehr bedeutend für die Theorie der Rollkurven für die Zahnradtechnik wurde das Werk des holländischen Physikers und Mathematikers Christiaan Huygens (1629–1695), der 1665 sozusagen die Evolvente definierte (Bild 2.53). Als erster behandelte Philippe de la Hire die geometrischen Prinzipien der Verzahnung (1694). Bild 2.54 zeigt Verzahnungen von ihm. Etwas später (1724) setzte Jacob Leupold die Überlegungen fort. Bild 2.55 zeigt die Zahnformausmittlung von ihm,

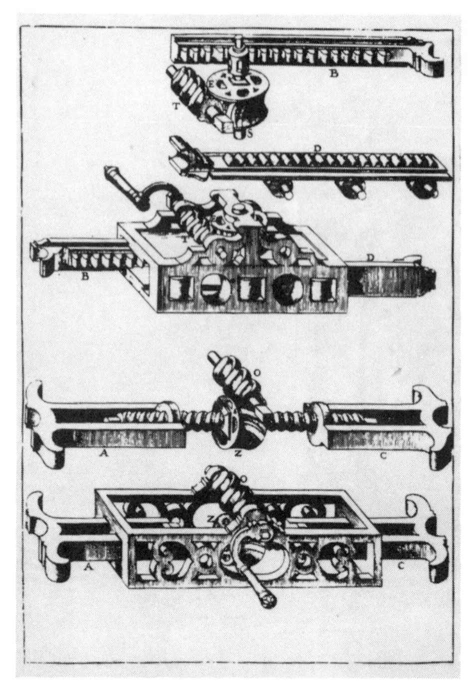

Bild 2.45: Rollen zur Abstützung eines Schneckengetriebe-Expanders nach Ramelli (1588)

dargestellt in seinem Buch „Theatrum Machinarum Generale". Bild 2.56 verdeutlicht seine Vorschläge für unterschiedliche Zahnformen. Die praktische Ausführung von Zahnrädern und Getrieben hielt jedoch zunächst mit diesen theoretischen Weiterentwicklungen nicht immer Schritt. Bild 2.57 zeigt ein Wind-Wasserhebewerk nach G. A. Böckler von 1661. Auch die Ausführung seines sechsfachen Schneckenwerkes (Bild 2.58) besticht nur auf den ersten Blick durch technische Vollkommenheit.

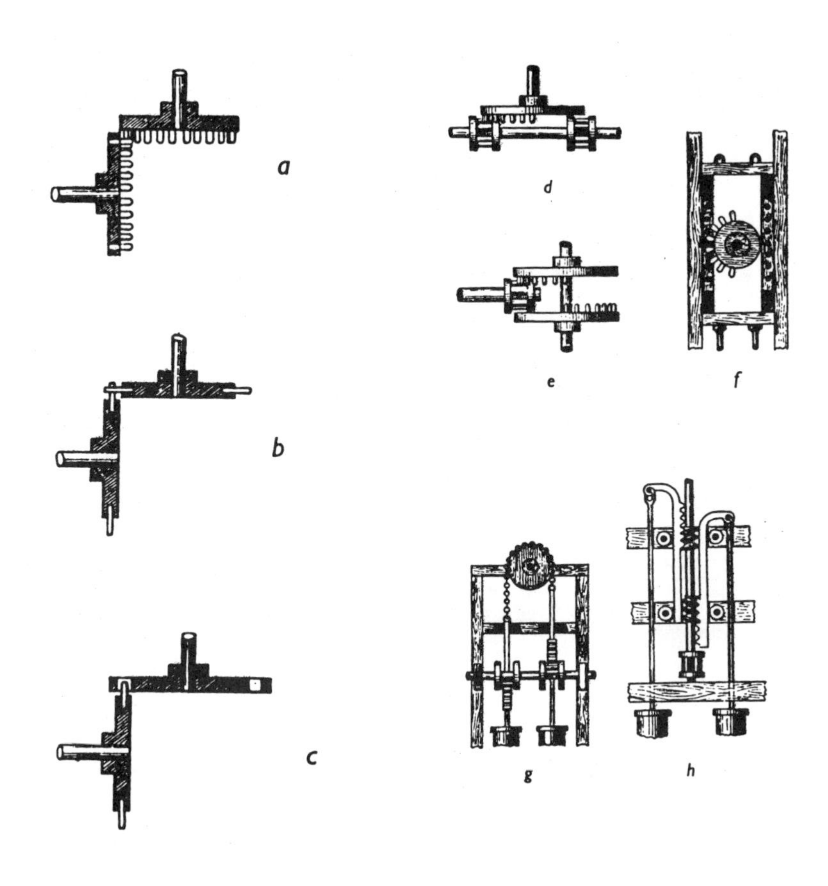

Bild 2.46 a und b: Anwendungsbeispiele für Zahnradgetriebe nach Ramelli (um 1588)
a, b, c) Winkelräder mit drei verschiedenen Arten der Verzahnung
d, e, f, g) Umwandlung der Drehbewegung in hin- und hergehende Bewegung
h) Über eine links- und rechtsgängige Schnecke werden die Kolben zweier Pumpen auf und nieder bewegt

Bild 2.47: Münsteruhr aus Überlingen am Bodensee (1549)

Noch lange blieb auch Holz der bevorzugte Werkstoff für die Zahnradherstellung (Bild 2.59).

2.8 Während der industriellen Revolution (1750–1850)

In dieser Zeit wurden die Gleitlager und Wälzlager weiterentwickelt. Im Gleitlagersektor wurden zu Beginn dieser Epoche in Windmühlen noch Konstruktionen verwendet, die auf Ramelli, 1588, zurückgingen. Bild 2.60 zeigt eine

Bild 2.48: Wasserradantrieb für ein Rührwerk nach Agricola (1556)

Bild 2.49: Drehbarer Hüttenkran nach Agricola (1556)

Bild 2.50: Spitzenlagerung und Verzahnung
(Beginnendes 17. Jahrhundert)

solche Ausführung, und man erkennt das Räderwerk zum Betrieb sowie die verschiedenen Lagerungen, bei denen es sich durchweg um Gleitlager handelt. Besonders interessant ist die exakte Abstützung der schräg liegenden Windwelle, welche aus Gußeisen bestand. Die Kräfte wurden von einer gußeisernen Kugel auf ein sphärisches Gegenlager übertragen (Bild 2.61).

Die Achslager von Wagen standen ebenfalls im Mittelpunkt der Entwicklung. Bild 2.62 zeigt einige Ausfüh-

Bild 2.51: Holzrollen und geteilte Lagerblöcke einer Druckpresse

rungen nach Feltow (um 1794) und man erkennt, wie man sich Mühe gab, durch entsprechende konstruktive Gestaltung der Reibungsprobleme Herr zu werden. Höhepunkt dieser Gleitlagerentwicklung stellen zweifelsohne die in Bild 2.63 gezeigten Ausführungen aus der Zeit um 1830 dar. Teilbild (b) zeigt ein Halblager aus Messing mit Ölbohrung „2" und Schmutzabdeckung „d". Im Teilbild (c) erkennt man ebenfalls ein Messinglager mit einem Schmierstoffreservoir „f" und zwei Zuführbohrungen. Teilbild (d) zeigt ebenfalls ein Lager mit 2 Schmierstoff-Zuführungsbohrungen.

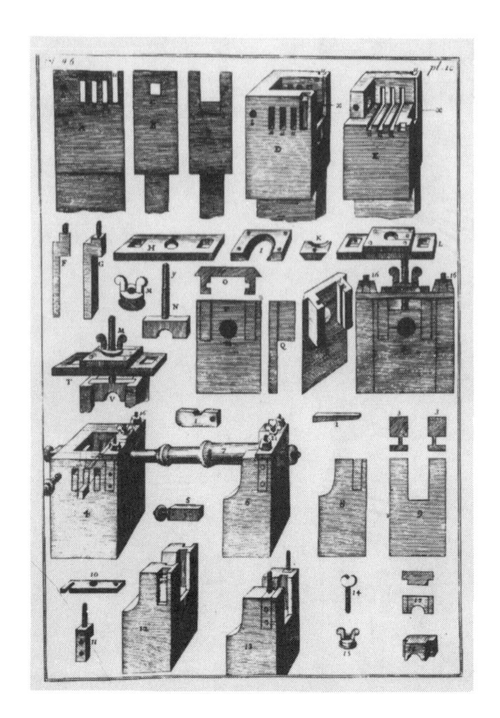

Bild 2.52: Werkzeugmaschinenlagerungen nach Charles Plumis (1701)

Auf dem Dach der Independence Hall, Philadelphia, entdeckte man das in Bild 2.64 dargestellte Wälzlager, das etwa um 1770 gebaut worden war. Es war das Lager der Windfahne und bei einer Überprüfung um 1968/69 entdeckt worden. Es hatte nahezu zwei Jahrhunderte lang funktioniert. Ein weiteres Beispiel für den Stand der frühen Wälzlagertechnik erkennt man in Bild 2.65. Dieses Axial-Kugellager (Innendurchmesser 0,61 m, Außendurchmesser 0,86 m, 40 Eisenkugeln mit 57 mm Durchmesser) aus der Zeit um 1780 stammt aus einer Windmühle.

Bild 2.53: Physiker und Mathematiker Christiaan Huygens (1629–1695)

Eines der frühen Patente für ein Wälzlager ist das W. George zuerkannte British Patent Nr. 1602 für ein Lager „zur Zerstörung der Reibung in aller Art von Achsen und Wellen". Bild 2.66 zeigt dieses Lager.

Ein Patent für eine gesamte Radlagerung für Wagenachsen wurde 1794 Vaughan zugesprochen. Bild 2.67 zeigt diese Ausführung. Die Kugeln laufen in einer Rille unmittelbar auf der Achse. Zum Einbringen der Kugeln konnte ein Segment des Außenringes entfernt werden. Es gab keinen Käfig

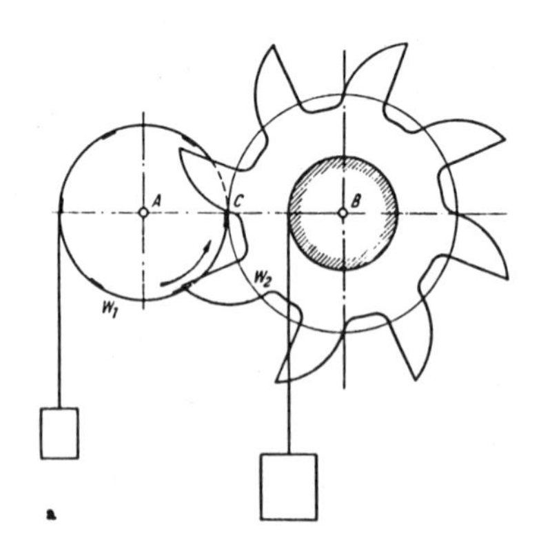

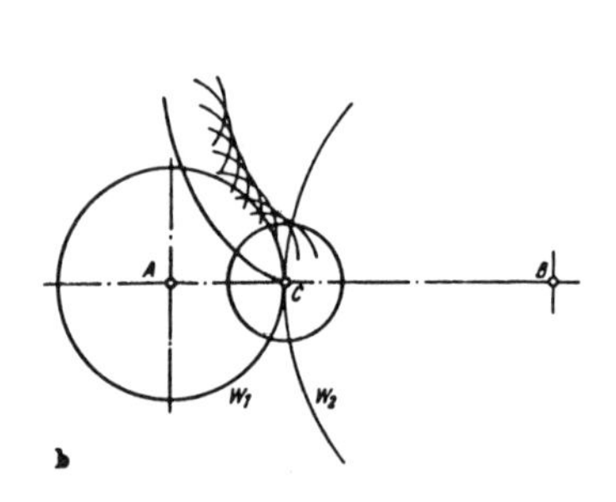

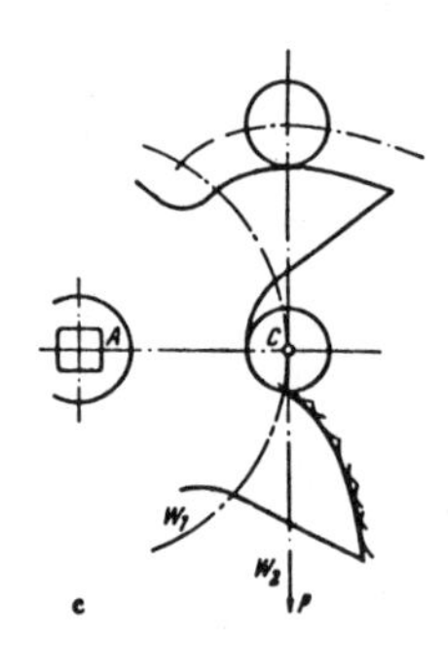

Bild 2.54: Verzahnung von Philippe de la Hire (1694)
a) einseitige Punktverzahnung
b) Zapfenverzahnung
c) Zapfenzahnstange mit Antrieb durch eine Evolvente

oder eine andere Vorkehrung, die Kugeln auf Abstand zu halten.

Der Mathematiker, Physiker und Astronom Leonhard Euler (1707–1783) befaßte sich intensiv mit der Theorie der Verzahnung (Bild 2.68).

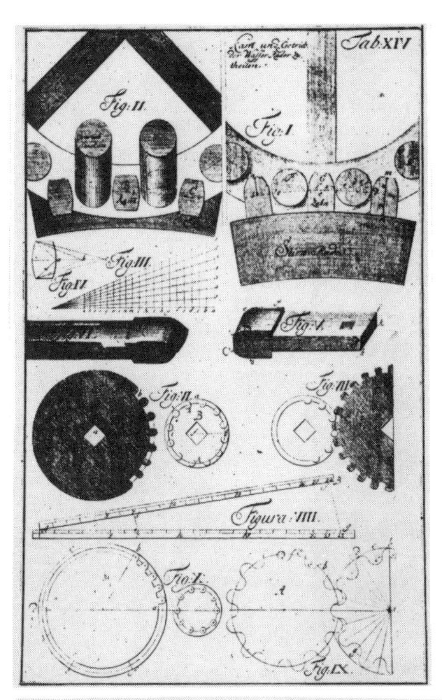

Bild 2.55: Zahnformausmittlung nach Jacob Leupold (1724)

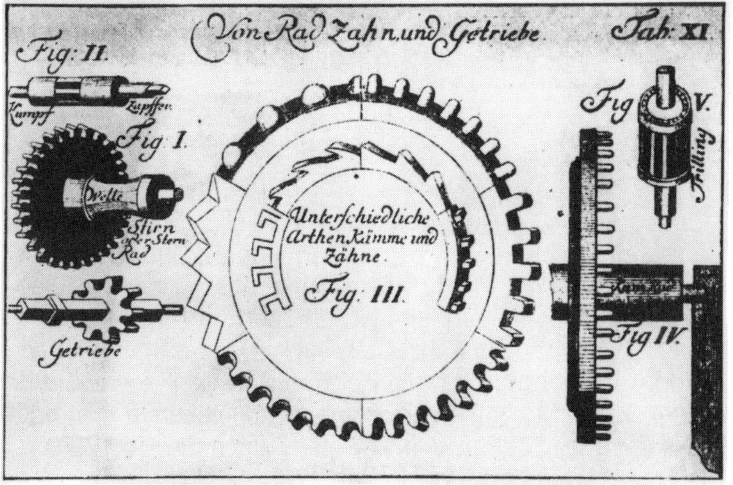

Bild 2.56: Unterschiedliche Zahnformen nach Jacob Leupold

Bild 2.57: Wind-Wasserhebewerk nach G. A. Böckler (1661)

Nur zögerlich wurden jedoch die theoretischen Erkenntnisse der Zahnradtechnik in die Praxis umgesetzt. Bild 2.69 zeigt ein Eisenwalzwerk um 1758 aus Emersons Mechanics. Die Ausführung der Verzahnung ist seit Jahrhunderten unverändert. Doch der Fortschritt läßt sich nicht aufhalten. Wachsende Anforderungen an die Leistungsfähigkeit sowie die Genauigkeit der Maschinen erforderte entsprechende Konsequenzen auch in der Zahnrad- und Getriebetechnik. Bild 2.70 zeigt die Betriebsmaschine von J. Watt (1781).

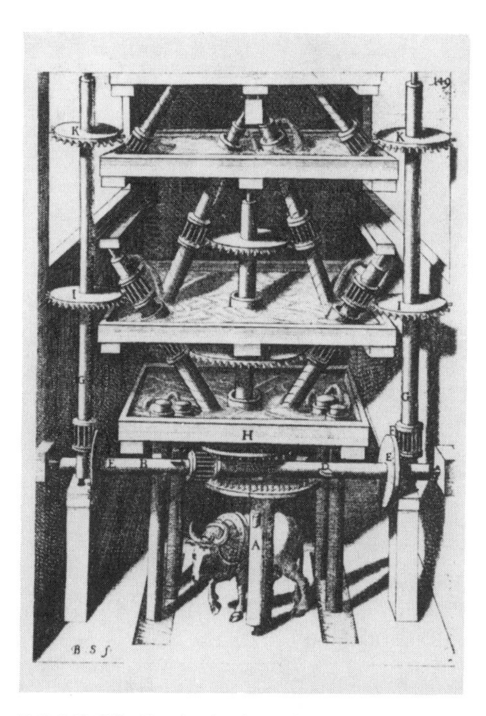

Bild 2.58: Sechsfaches Schneckenwerk mit vier Pumpen nach G. A. Böckler (1661)

Das Triebwerk der ersten Lokomotive von R. Trevithich von 1803 ist in Bild 2.71 dargestellt. Repräsentativ für den Stand der Technik im Zahnrad- und Getriebebau ist die englische Leitspindeldrehbank von 1810 (Bild 2.72).

2.9 75 Jahre technischer Fortschritt (1850–1925)

Bemerkenswert in dieser Epoche ist die Schmierung eines Achslagers mit Wasser. Bild 2.73 zeigt das wassergeschmierte

Bild 2.59: Kammradantrieb des Kollerganges einer Ölpresse (Mitte des 18. Jahrhunderts)

Achsgehäuse von M. Aerts aus der Zeit um 1860. Eine an Achszapfen befestigte Gußeisenscheibe (A) tauchte in das Wasserbad (B). Ein Schaber aus Messing (C) entfernte oben an der rotierenden Scheibe das Wasser und leitete es in eine Tülle (b), wodurch eine zuverlässige Selbstschmierung gewährleistet wurde. Ansonsten war in diesem Zeitraum die Entwicklung der Gleitlager durch die Entdeckung der hydrodynamischen Phänomene und die zunehmenden Kenntnisse auf diesem Gebiet charakterisiert. Diese Entwicklung ist untrennbar mit Namen wie Tower, Kingsbury, Michell oder Rayleigh verknüpft. Es würde den Rahmen dieser Darstellung sprengen, hierauf näher einzugehen (Bild 2.74).

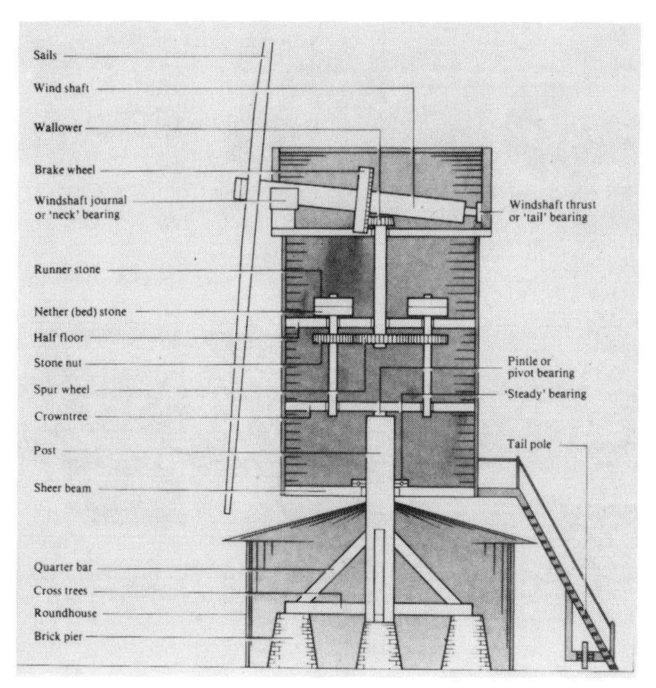

Bild 2.60: Antriebs- und Abstützelemente in Windmühlen

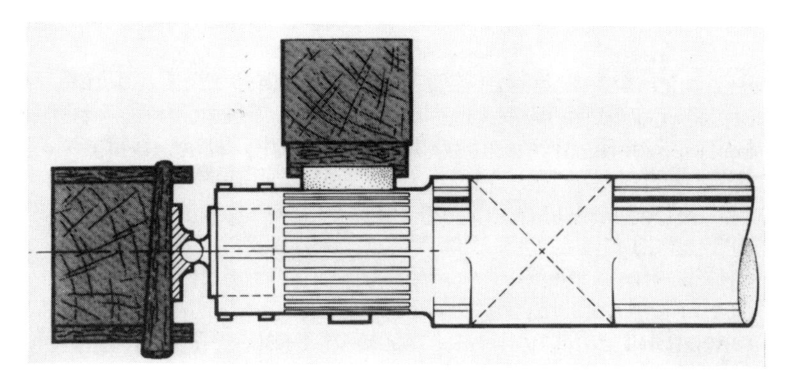

Bild 2.61: Stützlager in Windmühlen

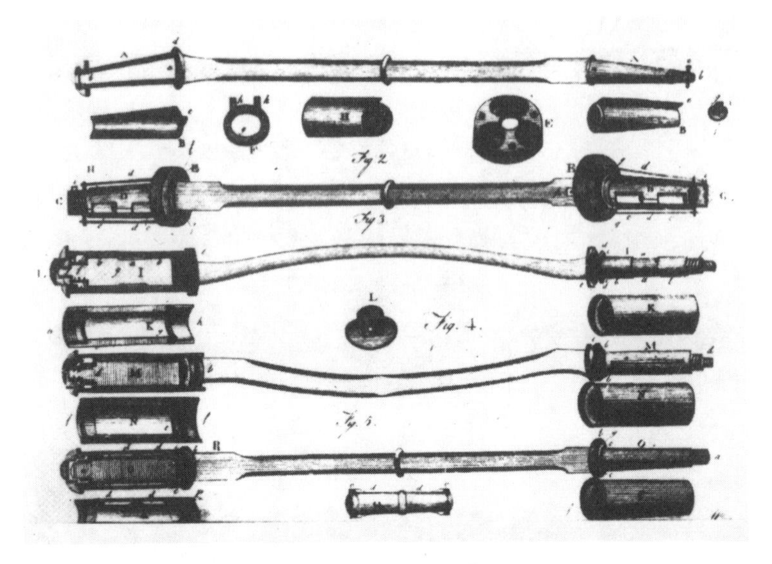

Bild 2.62: Vorschläge für Gleitlager in Wagen-Achsen
(Feltow, um 1794)

Bezüglich der Wälzlager war diese Epoche durch Gründung und Wachsen der Wälzlagerindustrie gekennzeichnet. Als Beispiel sei hier Wingquist, der Gründer der SKF, erwähnt (Bild 2.75). Bild 2.76 zeigt seine revolutionäre Skizze eines sich selbsteinstellenden Kugellagers (1907).

Im Zahnrad- und Getriebebau sind alte Techniken immer noch nicht verschwunden. Unentwegt sind hölzerne Stirnräder (Bild 2.77) und Triebstockräder (Bild 2.78) im Einsatz, die offensichtlich voll funktionsfähig keines Ersatzes oder keiner Verbesserung bedürfen.

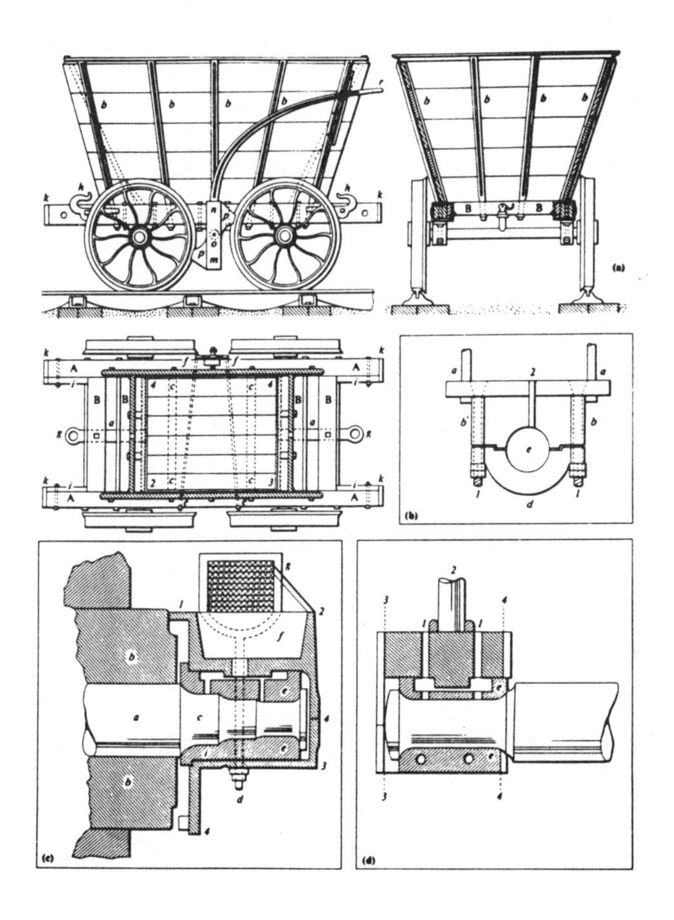

Bild 2.63: Eisenbahnradlagerungen (um 1830)

Trotzdem fordern Hochleistungsmaschinen und gestiegene Genauigkeitsanforderungen ihren Tribut vom Fortschritt. Den Zahnradantrieb der ersten Elektrolok von Siemens (1879) zeigt Bild 2.79. Auch das in Bild 2.80 gezeigte Beispiel eines Getriebes stammt aus dem Lokomotivbau (1880).

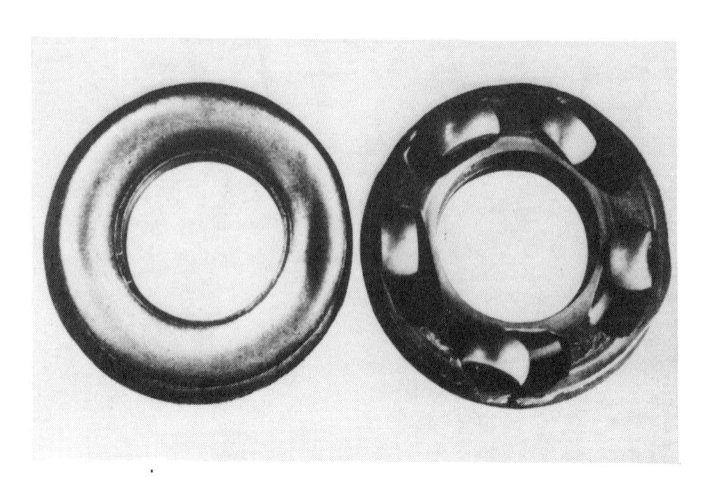

Bild 2.64: Frühe Form eines Wälzlagers (1770?)

Bild 2.65: Axialkugellager aus einer Windmühle (1780)

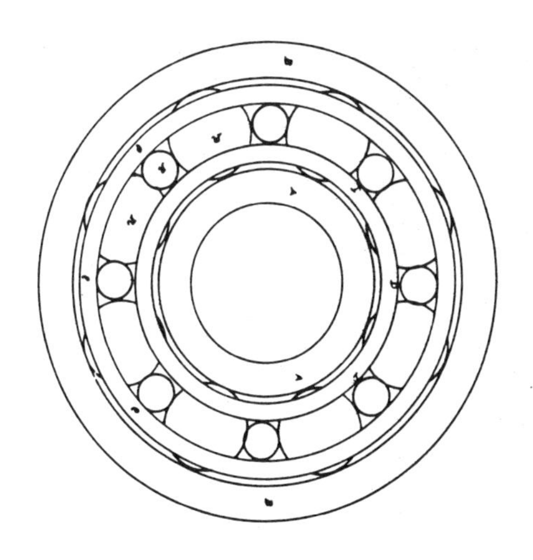

Bild 2.66: Vorschlag für reibungssenkendes (Wälz-) Lager (nach George, 1787)

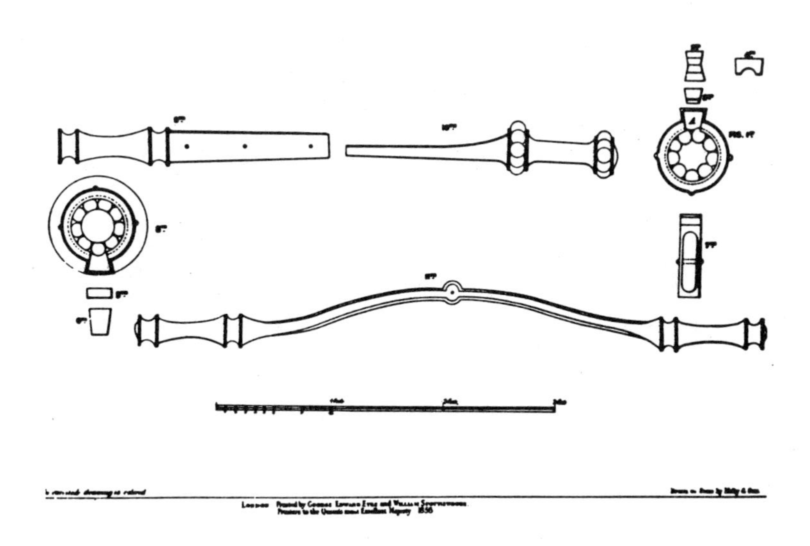

Bild 2.67: Kugelgelagerte Wagenachsen von Vaughan (1794)

Bild 2.68: Mathematiker, Physiker und Astronom
Leonhard Euler (1707–1783)

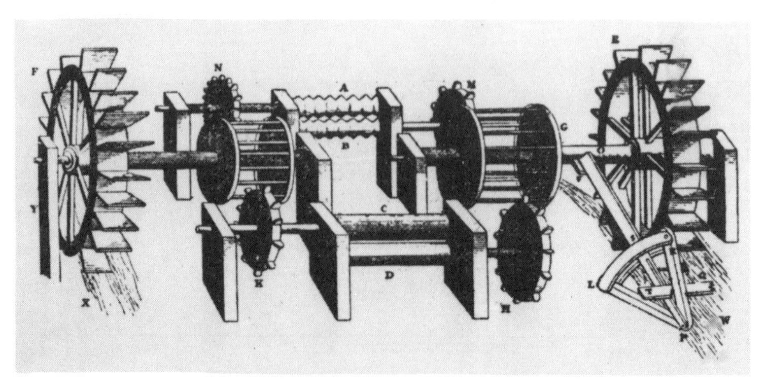

Bild 2.69: Eisenwalzwerk um 1758 aus Emersons Mechanics

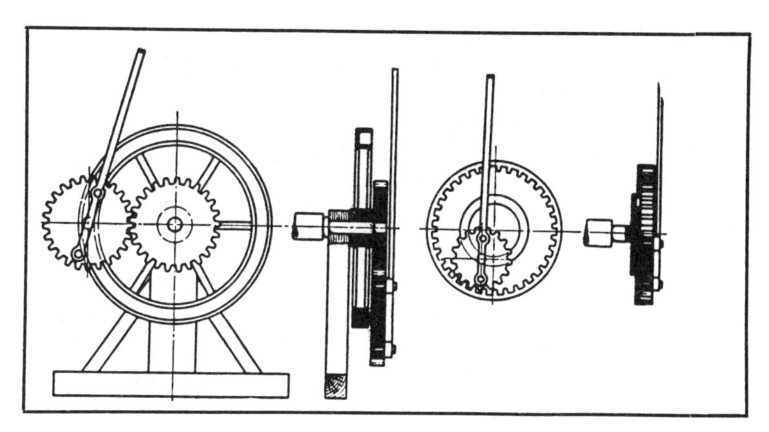

Bild 2.70: Betriebsmaschine nach James Watt (1781)

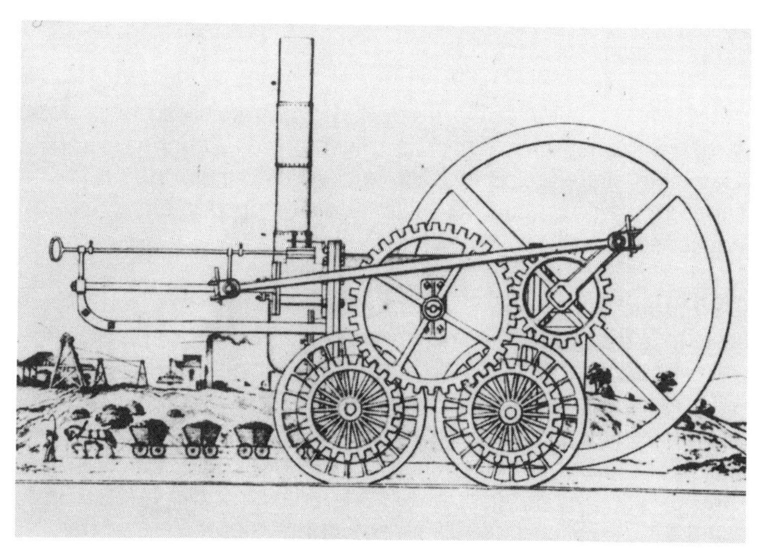

Bild 2.71: Triebwerk der ersten Lokomotive von R. Trevithich (1803)

Bild 2.72: Englische Leitspindeldrehbank von 1810

Allmählich begann auch das zukünftige Verkehrsmittel, das Kraftfahrzeug, seine Anforderungen an die Zahnräder und Getriebe zu stellen. Bild 2.81 zeigt Achsantrieb für Kraftfahrzeuge aus dem Jahre 1902. Die Ausführung eines Schaltgetriebes ist in Bild 2.82 dargestellt.

Den Stand der Technik im Schiffsgetriebebau erkennt man in Bild 2.83 (1913). Bemerkenswert ist die doppelte Schrägverzahnung und das Untersetzungsverhältnis von 20 : 1. Diese Ausführung ist die logische Weiterentwicklung der doppelten Schrägverzahnung von Patrick de Laval, der mit dem in Bild 2.84 gezeigten Getriebe 500 PS übertrug. Bemerkenswert sind die Ölzuführungen in den Wellenlagern. Ein letztes Beispiel für den Stand der Zahnradtechnik dieser Zeit ist das Schraubradpaar mit rechtwinklig gekreuzten Achsen vom Ende des 19. Jahrhunderts (Bild 2.85).

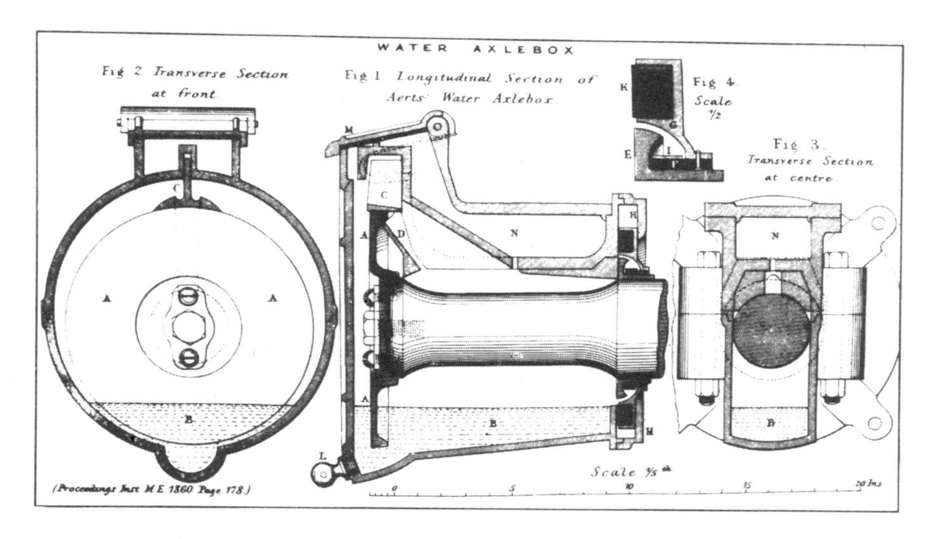

Bild 2.73: Wassergeschmiertes Achs-Gleitlager nach M. Aerts (um 1860)

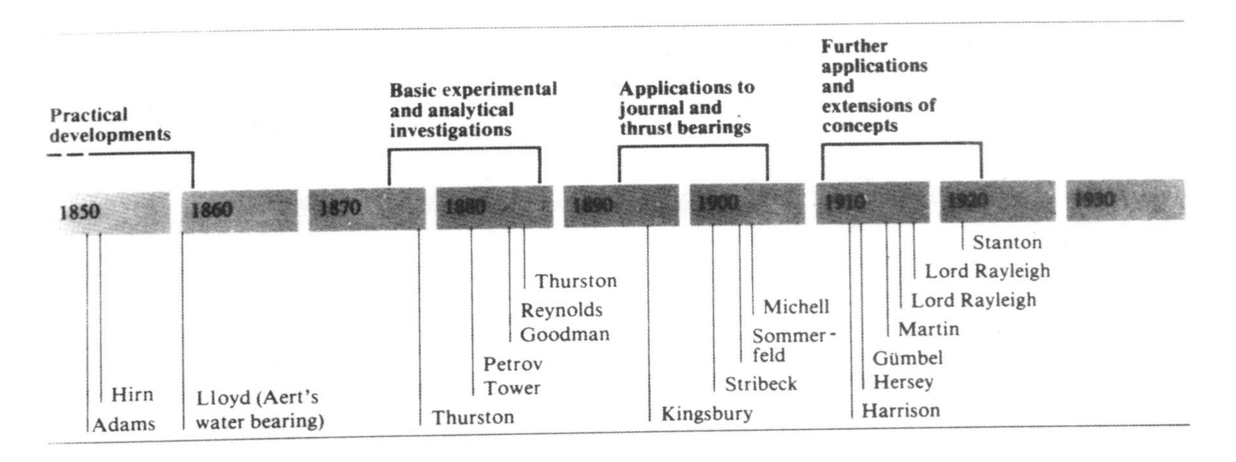

Bild 2.74: Wichtige Namen in Verbindung mit der Hydrodynamik und der Gleitlagertechnik

Bild 2.75: Sven Wingquist, Gründer der Firma A.B. Svenska Kugellagerfabriken (SKF)

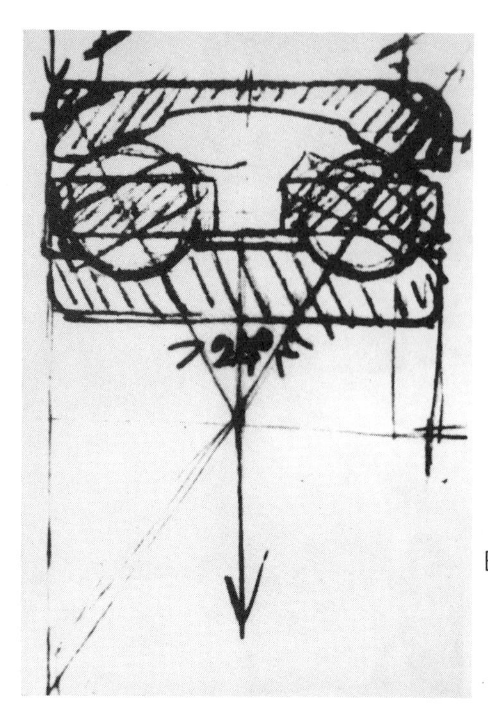

Bild 2.76: Wingquist's Skizze des selbsteinstellenden Kugellagers (1907)

Bild 2.77: Hölzerne Stirnräder aus dem Triebwerk einer amerikanischen Mühle (um 1870)

Bild 2.78: Hölzerne Triebstockräder aus dem Triebwerk einer amerikanischen Mühle

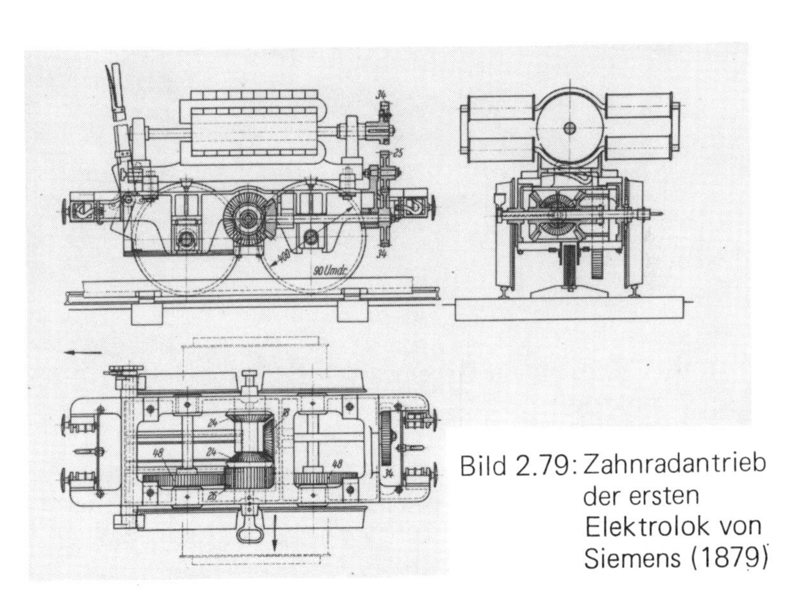

Bild 2.79: Zahnradantrieb der ersten Elektrolok von Siemens (1879)

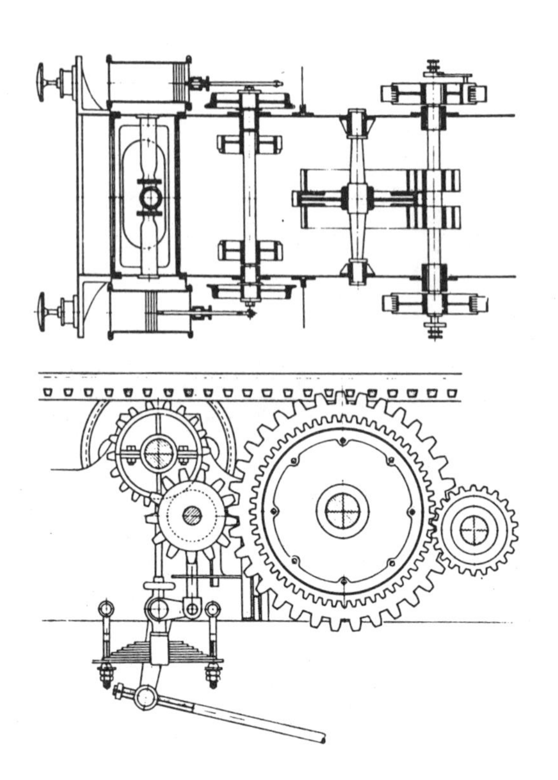

Bild 2.80: Lokomotiv-Antriebsschema der Bahn Rorschach-Heiden (um 1880)

2.10 Von 1925 bis zur Gegenwart – das Zeitalter der Tribologie

Es würde den Rahmen dieses geschichtlichen Abrisses sprengen, würde man versuchen, die weitere Entwicklung der Lagertechnik in dieser Zeitspanne zu beschreiben. Diese Epoche ist vor allem durch die auf theoretischen Grund-

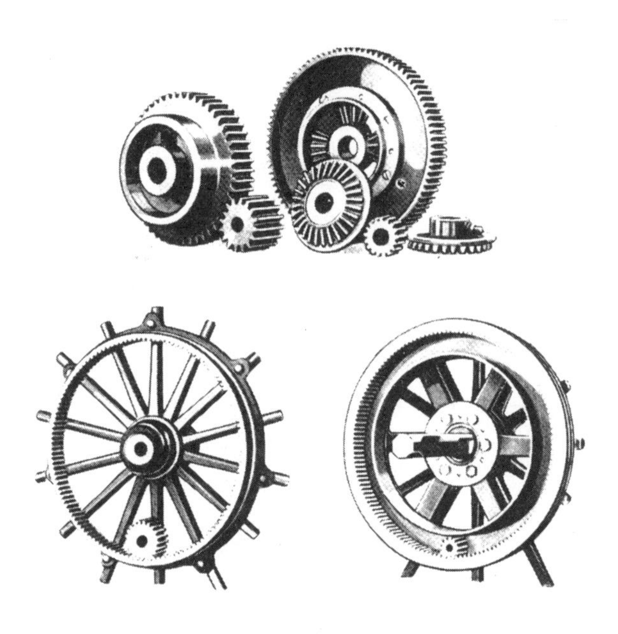

Bild 2.81: Achsantrieb für Kraftfahrzeuge aus dem Jahre 1902

lagen aufbauenden Verfeinerungen der Gleitlager, die zu den heute üblichen Maschinenelementen mit sehr hoher Zuverlässigkeit führten, charakterisiert. Daran sind die Umsetzung der theoretischen Grundlagen in praktikable Lösungen ebenso beteiligt wie die tribologisch optimale konstruktive Gestaltung, Werkstoffwahl und Oberflächenbearbeitung, aber auch Fragen der Schmierungstechnik und der Schmierstoffe selbst.

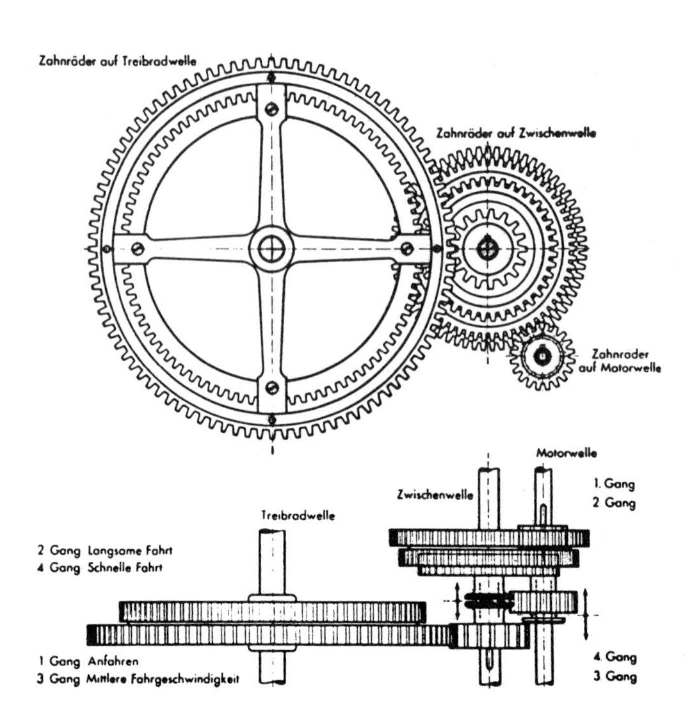

Bild 2.82: Schaltgetriebe für Kraftfahrzeuge

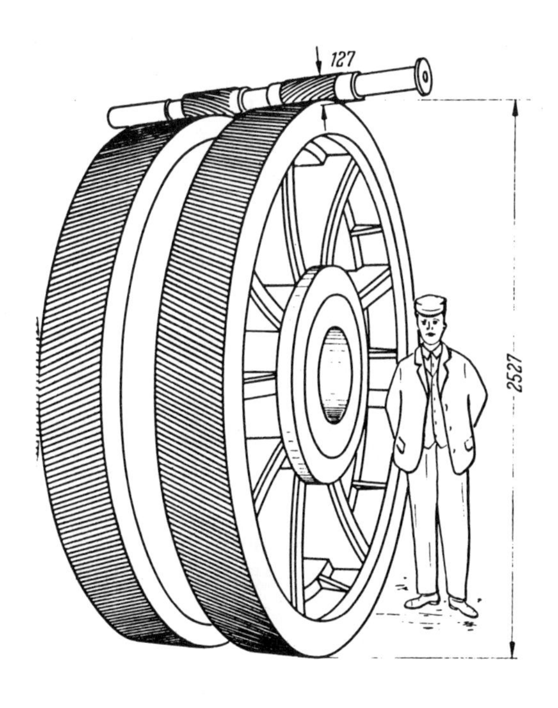

Bild 2.83: Doppelte Schrägverzahnung an einem Schiffgetriebe (um 1913)

Bild 2.84: Doppelte Schrägverzahnung nach Patrick de Laval (1903)

Bild 2.85: Schraubenradpaar mit rechtwinklig gekreuzten Achsen (Ende des 19. Jahrhunderts)

3 Geschichte der Schmierstoffe

3.1 Allgemeines

Sehr frühzeitig ist dem Menschen offensichtlich klar geworden, daß die Bewegung zwischen zwei Festkörpern einerseits mit Kraftaufwand überwunden werden mußte und andererseits mit Geräuschentwicklung verbunden war. Bald hat er auch gelernt, daß das Quietschen einer Tür oder die Schwergängigkeit eines Rades behoben werden konnte, wenn man eine flüssige oder pastöse Substanz, z. B. Wasser oder tierisches Fett, dazwischen „schmierte".

Der folgende geschichtliche Überblick zeigt, daß bis in das 19. Jahrhundert hinein diese natürlichen Schmierstoffe, also vor allem tierische und pflanzliche Öle und Fette, als Schmierstoffe dominierten. Erst mit dem Niederbringen von Ölbohrungen zur leichten Gewinnung von Erdöl sowie die Entwicklung von Verfahren zu seiner Verarbeitung wurden diese natürlichen Schmierstoffe sehr schnell vom Mineralöl abgelöst. Es stand in ausreichender Menge und mit gleichbleibenden Eigenschaften zur Verfügung, und war preiswert. Aber bezüglich des schmierungstechnischen Verhaltens war es keineswegs besser. Sehr bald merkte man, daß man u. a. das Reibungsverhalten und das Viskosität-Temperatur-Verhalten der Mineralöle durch Mischen mit den bisher gebräuchlichen Schmierölen verbessern konnte. Diese Vorgehensweise führte dann nahtlos zur Technologie der Additivierung. Die gestiegenen Anforderungen an die Lebensdauer, die Zuverlässigkeit und die leichte Bedienbarkeit aller Maschinenanlagen im Verlauf der vergangenen 50 Jahre bedingten dann die eigentliche Entwicklung von Additiven zur Beeinflussung der Eigenschaften der Grundschmierstoffe. Als dann auch die Konzeption der additivierten Mineralöle an die Grenzen der Anforderungen stieß, sah man sich nach neuartigen Schmierstoffen um. Die Entwicklung der synthetischen Schmierstoffe und der Festschmierstoffe begann (1, 2, 7, 9, 10, 11).

3.2 In der vorgeschichtlichen Zeit (bis 3500 v. Chr.)

Eindeutige Hinweise auf die Anwendung von Schmierstoffen zur Verminderung von Reibung und Verschleiß liegen nicht vor. Man kann jedoch durchaus positiv spekulieren, daß pflanzliche und tierische Fette und Öle, aber auch das bereits bekannte Bitumen zum Beseitigen des „Quietschens" von Türlagerungen angewendet wurden.

3.3 In der frühen Zivilisation (nach 3500 v. Chr.)

Ohne jeden Zweifel wurden zur Zeit der Sumerer und Ägypter Schmierstoffe angewendet. In den Lagerungen der Töpferscheiben wurden Bitumenreste gefunden. Das Bitumen stammte von aus der Erdoberfläche austretendem Erdöl, das jedoch nicht weiter verarbeitet wurde. Bei anderen Schmierstoffen muß es sich um tierische und pflanzliche Fette und Öle gehandelt haben.

Es wird vermutet, daß in Ägypten bereits um 2400 v. Chr. Fette, Öle oder Wasser zur Reibungsminderung zwischen den Kufenschlitten, auf welchen Steinblöcke und Statuen transportiert wurden, und den darunter befindlichen Rollen oder Planken aus Holz, eingesetzt wurden. Auch zum genauen Einpassen der Steinquader beim Pyramidenbau im 3. Jahrtausend v. Chr. dürfte ein Gleitmittel verwendet worden sein, das einen „Quetschdruck-Schmierfilm" aufbaute und anschließend als Mörtel in den Fugen verblieb. Bei diesem Schmierstoff-Mörtel handelte es sich um wasserhaltiges Kalziumsulfat (Gips).

Aus dieser Zeit (2400 v. Chr.) stammt auch die bildliche Darstellung des ersten Tribologen, der rückwärts schreitend einen Schmierstoff, wahrscheinlich Wasser, zwischen Gleitschlitten und Untergrund schüttete (Transport der Statue des Ti, Grab von Saqqara, Ägypten) (siehe auch Bild 2.4).

In den Gräbern von Yuaa und Thuiu wurden Karren mit Achslagern (1400 v. Chr.) gefunden, die noch Reste des originalen Schmierstoffs enthielten. Die kleine Menge (0,038 g) war klebrig und fettig und wies einen Schmelzpunkt von 49,5°C auf. Es handelte sich dabei um Schaf- oder Rindertalg.

3.4 In der griechischen und römischen Zeit (900 v. Chr. – 400 n. Chr.)

Unabhängig von den bereits bekannten tierischen und pflanzlichen Ölen und Fetten, die weiter verwendet wurden, findet man um 500 v. Chr., es war die Zeit des griechischen Historikers Herodotus und des Philosophen Sokrates, die Beschreibung zur Gewinnung von Bitumen und eines leichteren Öls aus dem Erdöl. Die Anwendung dieser Produkte als Schmierstoffe kann vermutet werden.

Zur Zeit des Römers Caesar wird die Anwendung von Schmierstoffen bei der Montage einer Wasserpumpe beschrieben. „.....die Kolben sorgfältig gedreht und mit Öl eingerieben werden von oben in den Zylinder eingesetzt.....".

Plinius der Ältere veröffentlichte in einem seiner 37 Bände über Naturgeschichte eine Liste der bis dahin bekannten Schmierstoffe, bei denen es sich um die noch heute bekannten pflanzlichen und tierischen Öle handelte.

3.5 Im Mittelalter (400–1450)

Auch die Reibstellen des Mittelalters kannten wohl nur tierische und pflanzliche Öle und Fette als Schmierstoffe. Die Zeit des aus dem Erdöl gewonnenen Mineralöls lag noch in weiter zukünftiger Ferne.

In den Mittelmeerländern dominierte sicherlich das Olivenöl als Schmierstoff. In den Ländern Mittel-, West- und Nordeuropas spielte im 13. Jahrhundert vermehrt Mohnöl und Rapsöl neben den tierischen Fetten eine entsprechende Rolle.

3.6 In der Renaissance (1450–1600)

Die Zeit der Renaissance, die man auch als die Zeit des Leonardo da Vinci (1452–1519) bezeichnen kann, ist der Beginn der modernen Tribologie. Doch trotz der grundlegenden Erkenntnisse hinsichtlich Reibung und Verschleiß haben sich auf dem Schmierstoffsektor keine neuen Entwicklungen abgezeichnet. Zwar erkannte Leonardo da Vinci die Vorteile der Schmierung in bezug auf Reibung und Verschleiß, doch außer dem Hinweis, daß die Kosten für Talg als tierisches Fett, das als Schmierstoff verwendet wurde, nicht vernachlässigbar seien, findet man keine weiteren Einzelheiten zum Schmierstoff.

3.7 In der Zeit der beginnenden industriellen Revolution (1600–1750)

In einer chinesischen Publikation von 1637 findet man die Aussage, wonach „ein Tropfen Öl (in das Radlager) einen Karren rollen läßt und ein Tan (107 Liter) Öl in die Abdichtungen eines Schiffes dieses reisefertig macht". Zwar gibt es eine Reihe von Untersuchungen zur Reibung, doch findet man außer gelegentlichen Forderungen, wonach Lager auch angemessen zu schmieren sind, keine Hinweise darauf, daß sich eine Entwicklung auf dem Schmierstoffsektor anbahnt. Angaben über die Verwendung von Schweinefett (Reibungsuntersuchungen von Amontons, 1699), von Lardöl (de la Hire, 1699) sowie von Talg und Pflanzenölen (Leupold, 1735) kennzeichnen den Stand der Technik auf diesem Gebiet.

3.8 Während der industriellen Revolution (1750–1850)

Drei Gründe können für die Fortschritte in der Schmierstoffentwicklung während dieser Periode maßgebend sein. Einmal fallen in diese Zeit die Erkenntnisse der Strömungsmechanik und der viskosen Strömung. Des weiteren ließ die industrielle Entwicklung die Nachfrage nach Volumen und Qualität der Schmierstoffe ansteigen und letztlich zeichnete sich die rapide Verdrängung der pflanzlichen und tierischen Öle durch Mineralöle zum Ende dieser Periode ab. Eine Auswahl der verfügbaren Schmierstoffe zeigt Bild 3.1.

Flüssige Schmierstoffe			Festschmierstoffe
Tierische Öle	Pflanzliche Öle	Mineralöle	
Spermöl	Olivenöl	Mineralöl	Graphit
Walfischöl	Rapsöl	(gewonnen durch	Speckstein, Talk
Fischöl	Palmöl	Destillation und	Molybdändisulfid
Specköl	Kokosnußöl	Raffination aus	
Klauenöl	Rizinusöl	Erdöl, Schieferöl,	
Talgöl	Erdnußöl	Kohle)	

Bild 3.1: Schmierstoffe in der Zeit der industriellen Revolution (1750–1850)

Spermöl: Aus einem großen Hohlraum des Spermwals. Starke Reibungssenkung, gute Stabilität, sehr teuer. Niedrig belastete Spindellager, allgemeiner Maschinenbau.

Walfischöl: Tran, gewonnen durch Kochen des Walspecks. Unangenehmer Geruch.
Selten als Schmierstoff eingesetzt.

Fischöl: Vom Delphin und vom Kabeljau oder Dorsch. Gelegentlich als Maschinenschmieröl eingesetzt.

Specköl: Aus Schweinefett gewonnen und billiger als Spermöl. Wegen seiner guten Schmierungseigenschaften weitverbreitet verwendet.

Klauenöl: Gewonnen durch Kochen von Rinderfüßen (Haxen). Einsatz vor allem bei tiefen Temperaturen.

Talgöl: Gewonnen unter Druck aus Rindertalg. Gute Schmierungseigenschaften.

Olivenöl: In bezug auf Schmierungseigenschaften dem Spermöl gleichwertig.
Wegen der höheren Viskosität für Hochleistungsanwendungen.

Rapsöl: Gewonnen und verwendet in jenen Ländern (Mittel- und Nordeuropa), in welchen der Olivenbaum nicht gedeiht.

Palmöl: Aus Westindien nach Europa importiert. Begrenzte Verwendung als Schmierstoff, vor allem zur Formulierung von Spezialschmierstoffen.

Kokosnuß-
öl: Wegen seines relativ hohen Schmelzpunktes von 21°C nur begrenzter Einsatz als Schmierstoff.

Rizinusöl
und
Erdnußöl: Starke Eindickung bei Lufteinwirkung (Alterung). Insbesondere Rizinusöl hat hervorragende Schmierungseigenschaften, daher Einsatz bei hohen Belastungen.

Mineralöl: Schieferöl:
Bereits 1810 erste kleinere Destillationsanlage in Prag,
etwas größere Anlage in Frankreich 1834.
Erdöl:
1859 Ölbohrungen von E.L. Drake, Titusville. Explosionsartige Zunahme der Verwendung.
British Patent No. 6814, H. Booth, 1835, über Schmierfette und Schmieröle für Achsen. Sie wurden als Patentpalmölschmieröle bezeichnet und bestanden aus Talg, Palmöl, Soda und Wasser. Patent No. 9060, T. A. W. Hompesch, 1841. Herstellung von Schmierölen aus bituminösen Materialien.
British Patent No. 12571, William Little, 1849. Herstellung (Destillation) von Mineralöl-Schmierölen für Lokomotiv-Achsen.

Graphit: Auch als „schwarzes Blei" bezeichnet (noch heute „Bleistift"). Im 18. und 19. Jahrhundert zahlreiche Hinweise auf seine Verwendung als Schmierstoff.

Schmier-
fette: 1812, Britisches Patent Nr. 3573, Henry Thomas Hardacre. Gemisch aus Graphit und Schweinefett im Verhältnis 1:4. Wahrscheinlich erstes graphithaltiges Schmierfett. Verwendet für Lager, Dampfmaschinen-Kolbenstangen und Mühleisen in Mühlen.

1835, Britisches Patent Nr. 6945, Nathaniel Partridge. Gemisch aus Olivenöl und in Wasser gelöster Kalk. Für Hochleistungsanwendung sollte „Schmierfett" Palmöl, Talg oder Graphit zugegeben werden.

1948, Britisches Patent Nr. 12109, Joseph John Doulan. Komplexe Formulierung, der auch Graphit zur Verbesserung der tribologischen Eigenschaften zugesetzt werden konnte (Bild 3.2).

.... Die grünen Blätter einer Pflanze, genannt Lorbeer; ..... die grünen Blätter einer Pflanze, genannt Efeu; ..... Quecksilbersalz der Salzsäure (oxymuziat); .... Wismutnitrat; .... Kupfersulfat; .... Zinksulfat; .... mit Weinstein behandeltes Antimon; .... römisches Alaunpulver; .... Walfischöl (Grönland oder Südpazifik); .... Olivenöl; .... Spermöl; .... Palmöl; .... die pflanzliche Substanz, genannt

Kautschuk; .... braune Seife; weisser Pfeffer; .... Bleiweiss; .... normales Salz und Alaunpulver + Graphit und Himmelblau ....

Bild 3.2: Formulierung eines Hochleistungsschmierstoffs (J. J. Doulan, British Patent No. 12109, 1848)

3.9 75 Jahre technischer Fortschritt (1850–1925)

In dieser Periode fand der Übergang von der Verwendung von Starrschmieren (Vorläufer unserer Fette) zu den flüssigen Schmierstoffen für die Schmierung der Lager und Gleitbahnen, vor allem auch bei den Eisenbahnen statt. Dieser Übergang war viel komplexer und richtungsweisender, als wir uns dies heute vorstellen können. Nicht nur die Schmierungseinrichtungen und -apparate sondern auch die Reibstellen, vor allem die Lager, mußten völlig umkonstruiert werden.

Die wichtigsten Entdeckungen, die wir den Grundlagen der Tribologie zuordnen, fallen in diese Zeit. Die hydrodynamischen Effekte wurden ebenso entdeckt wie die Vorgänge bei Mischreibung diskutiert. Die Entwicklung der Maschinenelemente, insbesondere der Lager, sowie der Werkstoffe kam rasch voran. Mit dem mineralölbasischen Schmieröl stand nun in fast beliebiger Menge ein preiswerter Schmierstoff zur Verfügung, der den gestellten Anforderungen, vor allem im Vergleich zu den bisherigen pflanzlichen und tierischen Ölen, weitgehend entsprach. Letztere wurden dabei vom Mineralöl rasch verdrängt und bald nur noch als Zusätze zur Verbesserung der Reibungs- und Verschleißeigenschaften verwendet. Das Zeitalter der synthetischen Schmierstoffe sowie der Additive hatte aber noch nicht begonnen.

Bei den durch Destillation und Raffination erzeugten Schmierölen unterscheidet man 1916 (7)

Leichte und schwere Spindelöle
Kompressorenöle
Leichte und schwere Maschinenöle
Raffinierte Destillatzylinderöle

Zu den Spindelölen gehörten alle Öle bis zur Viskositätsgrenze von 3,5 E/50°C (26 mm² /s). Sie wurden eingesetzt, wenn „unter Berücksichtigung der Temperatur, geringer Druck und größere Geschwindigkeit vorwalten". Das war zur Schmierung von „Separatoren, Zentrifugen, Turbinen, leichten Transmissionen (schnellaufend), schnellaufende Dampfmaschinen bis 20 HP, Elektromotoren, Dynamos, Fahrräder, Nähmaschinen, Automobilgetriebe, Schnellpressen, hydraulische Anlagen usw." der Fall. Einen Hinweis auf die Vielfalt verfügbarer Öle gibt Bild 3.3.

Eine Klasse für sich, jedoch viskositätsmäßig zu den Spindelölen gehörend, stellten die Kompressorenöle, vor allem die „Eismaschinenöle" dar, von denen besonders tiefe Stockpunkte verlangt wurden. Die Stockpunkte der Öle jener Zeit lagen je nach Viskosität für diese Öle zwischen −15 und −21°C und wurden durch „wiederholtes Entparaffinieren" erreicht.

Schmieröle der Viskositätslage zwischen 3,5 und 5,5 E/50°C (26 bis 42 mm^2/s) wurden den ***leichten Maschinenölen*** zugeordnet. Sie waren zur Schmierung von „leichten Transmissionen, normal belasteten Maschinenlagern, selbstverständlich auch für alle Maschinen, die mit schweren Spindelölen geschmiert werden: für Dynamos, Automobile, Zentrifugen, Separatoren, Ventilatoren, Dreschmaschinen, mäßig rasch laufenden Dampfmaschinen mit nicht zu hohem Lagerdruck, Lokomotiven, landwirtschaftlichen Maschinen" vorgesehen. Einen Überblick über die Sorten vermittelt Bild 3.4.

Viskositätsmäßig nach oben schlossen sich die ***schweren*** Maschinenöle an (Bild 3.5). Sie stellten die wichtigsten Schmieröle für den Maschinenbau bei hohen Belastungen und Temperaturen dar. Verschiedene andere Schmierstoffe werden in Bild 3.6 aufgelistet.

Die Zylinderöle hatten in jener Zeit einen anderen Stellenwert als heute, wurden sie doch generell für Betriebsbedingungen vorgesehen, die durch hohe Temperaturen gekennzeichnet waren, und zwar nicht nur für Dampfzylinder. Bis

Spindelöle (bis 3,5 Visk. bei 50° C).

Name	Provenienz	Spez. Gew.	Flammpunkt M. P.	Off. Tiegel °C	Brennpunkt °C	Visk. bei 20° C	Visk. bei 50° C	Stockp. 100° C	Firma
Pale 865	amerik.	0,8679	141	150	174	2,31	1,46	—3	Thompson & Bedford
„ 875	„	0,8753	148	159	190	2,91	1,59	—3	do.
„ 885	„	0,8956	185	188	228	5,70	2,07	—3	do.
Queen's Spindle	„	0,8945	205	214	261	10,3	2,82	—3	do.
Pale Oil 9007	„	0,9034	200	210	252	13,2	3,34	—3	do.
Spindle No 1	„	0,8706	209	218	260	11,6	3,15	—3	do., früher Eagle Sp.
Ice Machineoil	„	0,894	186	191	233	5,40	2,01	—20	Thompson & Bedford
Manchester Spindle	„	0,8662	201	206	247	8,9	2,68	+3 —0	do.
Magnetto Oil	„	0,8704	186	219	263	11,9	3,19	—3	do.
Neutral Nr 1	„	0,8633	144	170	192	4,99	1,95	—5—8,7	do., früher Eagle Neutr.
French Neutral	„	0,8432	140	150	175	2,32	1,46	—8,7—10	Thompson & Bedford
Mineral Colza	„	0,8215	125	133	155	1,62	1,27	—3—5	do.
Red Spindle	„	0,877		214	255	13,56	3,54		
Nobel II	russisch	0,898/9		178/80	220/5		ca. 3		A. André jr., Hbg.
Schibaeff II	„	0,900		180	220		ca. 3,2		Masch. Imp. A. G., Hbg.
Dampfturbinenöl Gloria VII	—	0,875		225	290	16,5	3,3		Stern-Sonneborn
Kompressoröl Gloria II	—	0,898		180	225	13	3,25		do.
Bakuin A I 895/7	—	0,898/9		180	220	11	3,4	—21	Albrecht & Co., Hbg.
Mischöl (Kompr. Öl)	—	0,885/90		150	185	4,5	2	—30	do.
Pale IV	aus Texas	0,9236				11,84	2,62	—2	
Red III	„	0,9296				19,76	3,5	+0	
Agricol	rumän.	0,918		155		7,5			12 Proz. Teer
Industrieöl	„	0,905		134		3,5			
Elektromotorenöl	—	0,870		210	240		3,21		E. Schliemann, Hbg.
Zentrifugenöl (schwer)	—	0,905		200	230		3,01		do.

Bild 3.3: Spindelöle (Viskosität bis 3,5 E bei 50°C)

Leichte Maschinenöle (3,5 bis 5,5 Visk. bei 50° C).

Name	Provenienz	Spez. Gew.	Flammpunkt M. P.	Off. T.	Brennpunkt	Visk. 20° C	Visk. 50° C	Visk. 100° C	Stockp. ° C	Firma
Amber Rope oil	amerik.	0,8732	173	185	221	—	4,23	1,62	dickfl.	Thompson & Bedford
Solar Red	"	0,918	192	214	265	22,8	4,54		+3—0	do., früher Red Engine
Queen's H. V. Machinery	"	0,9096	208	225	266	16,8	3,81		+3—0	
Bayonne Pale		0,9143	215	232	278	23,1	4,73		+3—0	
Red II	Texas	0,9153	213				4,17		+1½	15 Proz. Teer
Pale II	"	0,9321	174				4,55		−19½	12 " "
Cornplanter	amerik.	0,9225	168				4,12		−5	Cornplanter Rfg. Co.
High Viscosity Dynamo	"	0,8796	209				4,13		+12	Emery Mfg. Co.
Red Oil No. 1	"	0,886		236	282	22,06	4,92			Thompson & Bedford
" " No. 2	"	0,912		210	249	17,54	3,95		−7°	do.
Queen's Red Oil	"	0,919		224	265	29,33	5,35		−6°	do.
Volto: Gleitöl G. F.	—	0,896		170	212		4,5			Stern. Sonneborn
Dynamoöl extra rot	—	0,880		210	240		4,45			E. Schliemann, Hbg.
Gasmotor. Öl I (gelb)	—	0,910		215	245		5,23			do.
Turbinenöl extra (rötlich)	—	0,872		220	262		4,10			do.
Bakuin A. A. II	russisch	0,902/5		190	220	25	5		−17	Albrecht & Co.
Bakuin A. A. III	"	0,900/3		185	215	20	4		−18	do.

Galizische leichte Maschinenöle.

Sorte	Spez. Gew.	Flp.	Zdp.	V. 20°	V. 50°	Stp.	Bemerkung
G 20	0,905/10	190/200	—	19—20	3,5—3,8	—	
G 25	0,905/10	195/210	—	24—25	4,7—5	—	
P 6 sp.	0,905/7	195/200	220/230	15—16	—	—	
P 8	0,905/15	195/200	225/35	21—23	4—4,2	—	5 Proz. Teer 0,0055 Proz. SO_3
P 8 sp.	0,910/3	200/5	225/35	—	4,8—5,2	—	7 Proz. Teer 0,0070 Proz. SO_3
Winter Automobil	0,9215	189	—	—	3,97	−¾	
Dynamo	0,9096	199	—	—	3,84	—	
Locom. hell Winter	0,9145	207	—	—	5,10	4¼	
Locom. dunkel Winter	0,9213	196	—	—	5,09	1¾	

Bild 3.4: Leichte Maschinenöle (Viskosität 3,5 bis 5,5 E bei 50° C)

Schwere Maschinenöle über 5,5 Visk. bei 50° C.

Name	Provenienz	Spez. Gew.	Flammpunkt off. T.	Brennpunkt	Visk. bei 20° C	Visk. bei 50° C	Visk. bei 100° C	Stockp. °C	Firma
Valvoline A H.	amerik.	0,879/6	218		26	6,56			— ¼ (Ersatz Valv. Oil Co.)
Lion heavy	"	0,947	204	245			2,1		M. J. A. G.
Standard Gas engine	"	0,9035	217	260	37,5	6,46			Thompson & Bedford
Nobel I	russisch	0,908/9	204/6	245/50		6,8			André, jr.
Schibaeff I	"	0,910	204	248		6,7			M. J. A. G.
Masch.-Öl CA	"	0,910	207	250		7,5			"
" CX	"	0,912	212	256		9			"
" CXX	"	0,9125	215	259		10			"
Bakuin E	"	0,911/3	220	255		11	2,1	—2	Albrecht & Co.
" Ia Ia	"	0,909/11	220	250	85	9	—	—6	"
" AAI 906/8	"	0,908/9	200	240	42	7	—	—15	"
" IV I	amerik.	0,935	200			6		+5	Texas
Lianosoff	russisch	0,9088	206		41,8	6,4		—14¼	6 Proz. Teer
Nobel 00	"	0,912/5	225/30	235		16	2,5	—1	
Ragosine I	"	0,918/6	196			6,02	~	—10½	8 Proz. Teer
Vega Vacuum	rumän.	0,9297	210			10,2		—11	

Sorte	Spez. Gew.	Flp.	Zdp.	V. 20°	V. 50°	Br.	Stp.	Bemerkung
Galizische schwere Maschinenöle.								
P 9	0,910/20	200/5	240/50	33—37	5,6—5,8	—	—	6 Proz. Teer 0,0067 Proz. SO_3
P 9a	0,912/20	205/10	250/60	40—45	6—6,5	—	—	7 Proz. Teer
P 9sp.	0,912/22	210/20	260/70	45—50	6,7—7	—	—	9 " "
P 11	0,945/49	255/65	310/30	—	25—40	—	—	2,5—3,5/100° (auch als Zylinderöl)
V. O. C.	0,9282	210	—	43	5,00	—	+1½	13 Proz. Teer
B. Arsenal	0,919	218	—	—	7	—	+2½	
Somm. Loc. hell	0,9178	217	—	—	6,06	—	+4	
G 6	0,910	215	—	40	6	—	—	
Somm. Automob.	0,933	214	—	—	7,02	—	—1	
Diverse.								
Extra	0,929	180	—	45	—	—	—	Rumänisch
Regal	0,941	195	—	60	—	—	—	"

Bild 3.5: Schwere Maschinenöle (Viskosität über 5,5 E bei 50°C)

Name	Provenienz	Spez. Gew.	Flammpunkt off. T.	Brennpunkt	Visk. 20° C	Visk. 50° C	Visk. 100° C	Stockp. ° C.	Firma
Ossag Dieselmotor-Lageröl . .	—	0,908	200	245		6,5			Stern. Sonneborn
Dieselm.-Öl I f. Zyl. u. Luftp. . .		0,913	237	276	~	12,3			E. Schliemann
„ II f. Lagerschmierung		0,907	206	240		6,64			„
Diverse Öle.									
Hochdruck Kompr. Gloria C . .		0,888	260	310		20	3		Stern. Sonneborn
Ossag Autoöl. dickfl.		0,902	213	268		11,3	2,16		„
Transform.-Öl V 747		0,890	165	206	7,5				„
„ V 825		0,881	152	195	4,5				„
Kraftöl I	—	0,935	185	220	40	5,7		— 8	Albrecht
„ extra	—	0,940	187	222	55	6,8		— 8	„
„ 112	—	0,949	200	235		12		— 5	
Stanzöl		0,8766	130		3,04			+ 5	
Aggregatöl		0,8913	169		5,92			+ 1³/₄	
Werkzeugöl I		0,9033	181		11,17			— ¹/₄	
„ II		0,8907	168		6,03			+ 2	
Residuum		0,911	170	210		9			M. J. A. G.
Dunkles Öl o	russisch	0,912/7	170	210	60	9		— 15	Albrecht

Bild 3.6: Diverse Öle

in die 90er Jahre des vorigen Jahrhunderts dominierten für diese Anwendungen tierische und pflanzliche Öle. Die Zylinderöle wurden je nach Verwendungsart wie folgt eingeteilt:

für normale Verhältnisse,
überhitzten Dampf (Heißdampfzylinderöle),
Automobile,
Gasmotoren,
Luftkompressoren,
Dieselmotoren usw.

Von Benzinen einmal abgesehen, stellten die Zylinderöle dieser Zeit das „wertvollste Produkt der Erdölverarbeitung" dar; über die Vielfalt der verfügbaren Zylinderöle gibt Bild 3.7 Auskunft.

Für den Automobilbetrieb waren helle, reine Zylinderöle mit Viskositäten zwischen 45 und 98 mm^2/s bei 50° C (6 bis 13 E) vorgesehen, die „paraffinarm oder paraffinfrei" sein sollten, „um im Winter ein Flocken in den Kanälen zu vermeiden".

Die Anforderungen an Automobilöle können einer Art Spezifikation dieser Zeit entnommen werden (Bild 3.8). Aus der Betriebsanleitung für Mercedes-Benz Sportwagen (1926) sind die in Bild 3.9 aufgelisteten Forderungen zu ersehen.

Die Additivierung der Schmieröle in dieser Zeit beschränkte sich auf die Zugabe bestimmter pflanzlicher und tierischer Öle zum Mineralöl. Man hatte schnell erkannt, daß die Mineralöle hinsichtlich des Reibungsverhaltens (bei Mischreibung) den bisherigen Schmierstoffen unterlegen waren. Daher mischte man gern pflanzliche und tierische Öle als „Reibungsverbesserer" zu, eine Technologie, die uns auch heute noch nicht fremd geworden ist. Auch das Viskosität-Tempe-

Name	Provenienz	Spez. Gew.	Flammpunkt	Brennpunkt	Visk. 50° C	Visk. 100° C	Stockp. ° C.	Asphalt % [1]	Firma
Helle Zylinderöle.									
Continental	amerik.	0,8889	270	312	17,2	3,05			Thompson & Bedford
Cosmos filt.	"	0,887	265	308	16,9	2,97			"
Economic steam refined	"	0,8913	291	337	23,4	3,64	konsist.		"
Steam ref. extra	"	0,8905	289	329	23,4	3,50			"
" " " CT.	"	0,8880	276	319	20,3	3,23			"
B. u. T. XXX Valve	"	0,8912	305	352	20,3	4,20			"
F. F. F. Valve	"	0,8906	293	344	28,6	4,06			"
Canoga	"	0,887	256/60	305		ca. 2,9			André, jr.
A. A	russisch	0,910/20	220	270	12	2,3	+3		Albrecht & Co.
Economic	"	0,915/20	265	310	25	2,9	+5		"
Dunkle Zylinderöle.									
Steam ref. A	amerik.	0,8989	289	342	27,5	3,99		1,1	Thompson & Bedford
Spec. A. CT. I	"	0,9018	278	325	29,1	4,09	0	1,1	"
" " CT. II	"	0,9004	298	340	29,1	4,12	0	2,—	"
N"	"	0,9032	304	356	34,9	4,55		1,6	"
Dark N filt.	"	0,9067	309	305	42,5	5,3		2,1	"
Lokomotive	"	0,9033	319	366	45,3	5,5		1,8	"
Extra L L	"	0,915	334	378	ca. 100	8,05		1,—	"
Heißdampf L L L	"	0,905	340	385		6,72			für überh. Dampf M. J. A. G.
Extra heavy Railway	"	0,897	284	330		3,95			M. J. A. G. u. Heißdampf
Keystone Locomotive	"	0,903	315	306		5,5			
Dark Locomotive	"	0,905	327	380		6,7			" " "
0000	~	0,904	328	370		ca. 6,5			André, jr.
Quadruple	russisch	0,925/35	265	310	35	ca. 3,5	+3		Albrecht & Co.
Albany st. ref.	amerik.	0,905	290	330		4			"
Huron extra superheat	"	0,910	327	385		6,8			"
Ossagöl f. große Luftkompr.		0,892	285	340	26	3,6			Stern. Sonneborn
Diverse.									
Nobel 00	russisch	0,914/6	225/30	265/70	17,32	2,7	−10		Nobel
Viscosine 7	"	0,925	300			7—8			"
" 10	"	0,930	330			10			"
DB."	galizisch	0,9726	274		38,3	3,48	+5		
"	"	0,9404	251		18,84		−6¾		
Huile à carter	~	0,9103	329		54,5	6,06	+2		
" " "	~	0,8935	285		24,88	3,68	+25¾		

1) Abgeschieden mit dem 37,5fachen Volum Alkoholäther (1 : 2) bei 15° C.

Bild 3.7: Helle und dunkle Zylinderöle

ANFORDERUNGEN AN HELLE MINERALSCHMIERÖLE FÜR EXPLOSIONSMOTOREN *)
Nach Engler-Höfer 1916 (Auszug)

	Dickflüssiges Motoröl (Sommer)	Dünnflüssiges Motoröl (Winter)
Viskosität bei 20 °C, °E	42 - 80	20 - 42
(mm2/s)	(320 - 610)	(152 - 320)
Viskosität bei 50 °C, °E	7 - 11	4 - 7
(mm2/s)	(53 - 84)	(30 - 53)
Spez. Gewicht bei 15 °C, g/ml	0,880 - 0,940	0,870 - 0.940
Kältepunkt mindestens flüssig bei ... °C	-	- 12
Flammpunkt o.T., °C	min. 210	min. 195
Säuregehalt, ber. als % SO_3	0,00	0,00

Allgemeine Beschreibung: Helles, durchscheinendes, reines Mineralöl

*) Vorschrift der Verkehrstruppen

Bild 3.8: Motorenöl-Spezifikation von 1916

BETRIEBSANLEITUNG FÜR MERCEDES-BENZ SPORTWAGEN -1926-

Wahl des Öles:

"Zur Schmierung kann jedes säurefreie Öl mit geringstem Aschengehalt und einer Viskosität von 10-20° nach Engler im Sommer, bzw. 7-9° in der Übergangszeit, bzw. 4,5-6° im Winter (bei 50° C Öltemperatur) verwendet werden."

Bild 3.9: Motorenöl-Spezifikation von 1926

ratur-Verhalten der Mineralöle befriedigte nicht immer und wurde durch Zumischen pflanzlicher oder tierischer Öle, den Vorgängern unserer VI-Verbesserer, verbessert.

Nachdem man erkannt hatte, daß verschiedene „ zur Erhöhung der Viskosität und des Schmierwertes vorgeschlagene Mittel, ...Bleioleat, Kautschuk, Gummi, Gelatine ..., die Lager verkleben und erhöhte Reibung verursachen", wandte man sich anderen Wirkstoffen zu. In diese Zeit fällt der Hinweis auf in Öl dispergiertes Graphit, das unter der Bezeichnung „Oildag" von Acheson auf den Markt gebracht wurde.

Auch die Verwendung von Emulgatoren zur Herstellung wassermischbarer Öle war bekannt.

3.10 Von 1925 bis zur Gegenwart — das Zeitalter der Tribologie

Diese Periode zeichnete sich durch zunehmende Beanspruchungen der Reibpaarungen aus. Diese waren gekennzeichnet durch hohe Belastungen, Geschwindigkeiten und Temperaturen sowie ungünstige umgebende Atmosphären wie niedrige Drücke und andere Medien als Luft. Unter diesen Bedingungen wurden bald die Grenzen des unlegierten Mineralöls erreicht. Wollte man lange Schmierstoff-Wechselfristen mit den Forderungen nach niedriger Reibung und geringem Verschleiß optimierend koppeln, mußten die chemischen und physikalischen Eigenschaften der Schmierstoffe den verschärften Bedingungen angepaßt werden. Dazu wurden drei Entwicklungsrichtungen eingeschlagen:

– Zugabe von Additiven zu den Grundschmierstoffen
– Synthetische Schmierstoffe
– Festschmierstoffe

Nicht unerwähnt bleiben darf die Festlegung und Definition der Schmierstoffeigenschaften sowie ihrer Prüfung durch Normen, Spezifikationen und Klassifikationen.

Additive

Auch wenn die eigentliche Entwicklung und der Einsatz von Verschleiß- und Freßschutzadditiven erst viel später erfolgte, muß die bereits erwähnte Vorgehensweise der Zugabe von tierischen und pflanzlichen Ölen sowie die Verwendung von Graphit in Schmieren, Fetten und Ölen als Additivierung angesehen werden. Die reibungssenkende Wirkung dieser Maßnahmen war bekannt, so daß man die erwähnten Stoffe durchaus als erste Additive, und zwar als ***Reibungsverbesserer*** bezeichnen kann.

Bereits in den Anfängen des Mineralöleinsatzes war bekannt, daß man deren Viskosität-Temperatur-Verhalten durch Zugabe bestimmter pflanzlicher und tierischer Öle, die sich in dieser Hinsicht viel besser verhielten, verbessern kann. Diese Öle können also als erste ***Viskositätsindex-Verbesserer*** (dieser Begriff war allerdings noch nicht definiert) bezeichnet werden. Die Technologie der Additivierung von Schmierstoffen geht also in ihrer Vorstufe bis in das vorige Jahrhundert zurück.

Die neuzeitlichen Konzepte der Schmierstoffadditivierung begannen jedoch erst in den 30er Jahren dieses Jahrhunderts. Seit etwa 1933 setzt man Makropolymere wie Polyisobutylene, Polymethacrylate und später Polyalkylstyrole, Styrol-Butadien-Copolymere und Äthylen-Propylen-Copolymere als ***VI-Verbesserer*** ein. Zur gleichen Zeit entdeckte man, daß sich mit sehr kleinen Mengen (0,5 Gew.-%) die Pourpoints paraffinischer Öle wirksam absenken lassen. Polymere Wirkstoffe wie Polyalkylnaphthalene, Polyalkylmethacrylte und Polyalkylphenolester erwiesen sich als brauchbare ***Pourpoint-Verbesserer***.

Die hohen Betriebstemperaturen führten zur raschen Oxidation der Schmieröle einerseits und in der Folge zu Rost- und Korrosionsproblemen andererseits.

Seit etwa 1936 kennt man organische Schwefel-, Phosphor- und Aminverbindungen sowie Phenolderivate und ab 1946 auch Metallsulfonate mit P_2S_5-Reaktionsprodukten als ***Oxidations- und Korrosionsinhibitoren***.

Die zunehmenden Anforderungen an die Sauberhaltung von Hochleistungsmotoren machte bereits ab 1935 den zunehmenden Einsatz von ***Detergentadditiven*** notwendig. Metallnaphthenate, -sulfonate, -phenate und -salicylate wurden hierfür verwendet. Erst 1952 kamen die hochalkalischen Detergent- und ab 1957 die aschefreien ***Dispersantadditive*** hinzu.

1927 wurden achsversetzte Kegelradgetriebe (Hypoidgetriebe) als Achsgetriebe bei Kraftfahrzeugen eingeführt. Wegen ihrer kinematischen Besonderheiten stellten sie besonders hohe Anforderungen an das Freß- und Verschleißverhalten der Getriebeöle. Somit kommt seit dieser Zeit der Entwicklung von Anti-Wear- und Extreme-Pressure-Additiven eine besondere Bedeutung zu. Diese Entwicklung erreichte 1953 mit der Einführung der Zink-Dialkyldithiophosphate und Zink-Diaryldithiophosphate einen Höhepunkt. Wegen seines multifunktionellen Charakters (Oxidations-, Korrosions- und Verschleißschutz) hat dieser Additivtyp auch heute noch eine überragende Bedeutung.

In Bild 3.10 wird die aufgezeigte Additiventwicklung kurz dargestellt. Sie spiegelt sich auch in der jährlichen Anzahl von Patenten zu den verschiedenen Additivtypen wider, aufgetragen über dem zeitlichen Ablauf (Bild 3.11).

Synthetische Schmierstoffe

Auch das System Mineralöl/Additiv stößt an natürliche Grenzen, wenn insbesondere die Betriebstemperaturen

Pourpoint-Verbesserer .... seit ca. 1933

- Paraffin-Naphthalin-Kondensations-Produkte
- Polymethacrylate
- Vinylazetat-Fumarat-Kopolymere

Viskositätsindex-Verbesserer .... seit ca. 1933

- Polyisobutene
- Polymethacrylate
- Polyalkylstyrole
- Olefin-Kopolymerisate
- Vinylazetat-Fumarat-Kopolymere

Inhibitoren der Öloxidation und Lagerkorrosion: .... seit ca. 1936

- Organische Schwefelverbindungen
- Organische Phosphorverbindungen
- Alkyl- und Arylaminverbindungen
- Phenolderivate
- Metallsulfonate mit $P_2 S_5$-Reaktionsprodukten (ab 1946)

Detergent-/Dispersant-Zusätze: .... seit ca. 1935

- Metall (Me) - Naphthenate
- Me-Mahogany-Sulfonate
- Me-Alkylphenolsulfide
- Me-Salicylate
- Hochalkalische Detergents (ab ca. 1952)
- Aschefreie Dispersants (ab ca. 1957)

Verschleiss-Schutz-Zusätze: .... seit ca. 1953

- Zink-Dialkyldithiophosphate
- Zink-Diaryldithiophosphate

Bild 3.10: Entwicklung der Schmierstoff-Additive

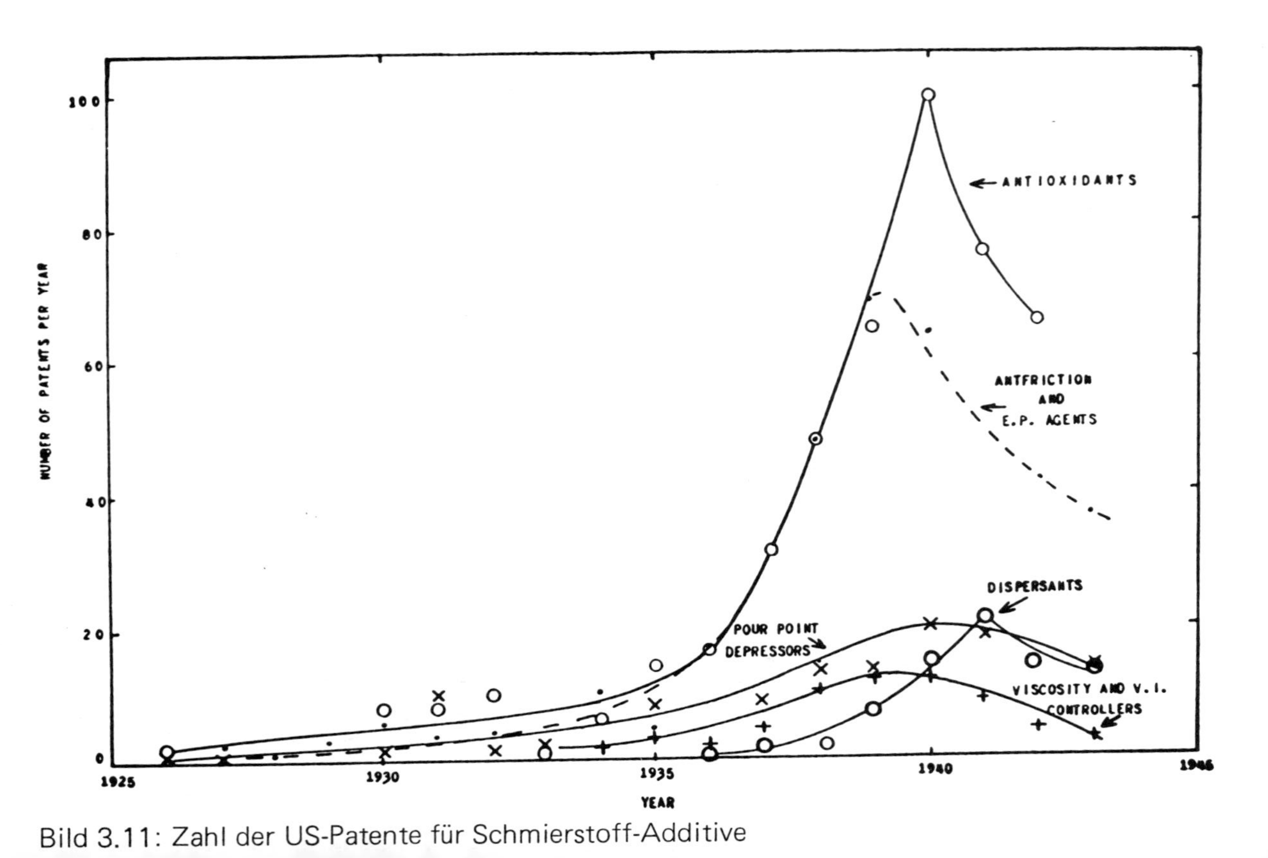

Bild 3.11: Zahl der US-Patente für Schmierstoff-Additive

bestimmte Werte übersteigen oder unterschreiten. Beginnend in den 30er Jahren wurden daher Syntheseöle entwickelt und eingesetzt. Allerdings bleibt ihre Verwendung Reibstellen mit extremen Betriebsbedingungen oder bei bestimmten Sonderanforderungen vorbehalten. So werden zur Schmierung von Flugturbinen zu 100 % Syntheseöle verwendet; der Einsatz als schwerentflammbare Hydrauliköle kennzeichnet den Einsatz bei Sonderanforderungen ebenso wie die Verwendung in Schneckengetrieben zur Reibungssenkung. Trotz ihrer großen Bedeutung bei einzelnen Anwendungen machen die synthetischen Schmierstoffe nur einen Anteil von 2 % der konventionellen Schmierstoffe aus, der sich bis auf etwa 5 % erhöhen könnte.

Festschmierstoffe

Auf dem Sektor der Festschmierstoffe ist diese Periode durch die zunehmende Verwendung von Molybdändisulfid (MoS_2) gekennzeichnet.

Aus der Mitte des 19. Jahrhunderts wird berichtet, daß während des Goldrausches in Colorado Erzschürfer beachtliche Molybdänitvorkommen entdeckten und mit Klumpen davon die Achsen ihrer Karren schmierten (Bild 3.12). Dann wurde es bis in die zwanziger Jahre unseres Jahrhunderts wieder still um den Schmierstoff Molybdändisulfid. In einem Koehler 1927 erteilten Patent (US-Patent 1.714.564) mit dem Titel "Antifriction and Antiabrasive Metal" werden Mischungen aus Talg, Glimmer und anderen Stoffen mit Graphit und Molybdändisulfid als Schmierstoffe vorgeschlagen. Es folgten bis zum zweiten Weltkrieg noch mehrere Grundlagenpatente zur Anwendung von MoS_2, ohne daß es eine nennenswerte Verbreitung in der Schmierungstechnik gefunden hätte.

Bild 3.12: Molybdänerz aus den Rocky Mountains

Der entscheidende Durchbruch erfolgte erst in den Jahren nach dem Kriege, als die Firmen Westinghouse Electric & Co., Climax Molybdenum Co. und die 1948 gegründete Alpha-Molykote Corp. sich ernsthaft mit den anwendungstechnischen Eigenschaften dieses Festschmierstoffs auseinandersetzten. Letztere wurde dann auch die erste Firma, die kommerziell Schmierstoffe auf der Basis von MoS_2 herstellte und diese praktisch weltweit einführte. In diese Zeit fällt auch die Erkenntnis, daß es sich beim Molybdändisulfid um einen außergewöhnlichen Schmierstoff für außergewöhnliche Bedingungen handelt, wie sie zum Beispiel im Weltraum gegeben sind. Zu den Einsatzbereichen für MoS_2 gehören niedrige Geschwindigkeiten, hohe Belastungen und

Temperaturen sowie ungewöhnliche Atmosphären. Es überrascht daher nicht, daß sich sehr bald auch die National Aeronautics und Space Administration (NASA) hierfür interessierte. Im NASA-Lewis Research Center wurden zahlreiche Forschungsarbeiten zum Einsatz von MoS_2 durchgeführt.

Inzwischen sind viele hundert Veröffentlichungen erschienen, die sich mit dem Reibungs- und Verschleißverhalten von MoS_2 befassen.

Die wichtigste Anwendungsform war zunächst das pulverförmige MoS_2 in einem Schmierstoffträger, Öl oder Schmierfett, zu suspensieren. Die heute wichtigste Anwendungsform dürfte hingegen der Einsatz als Trockenschmierstoff sein, wobei der Festschmierstoff in einem organischen und anorganischen Binder gebunden wird (Anwendung als Gleitlack). Bemerkenswert ist die Erkenntnis, wonach die Wirksamkeit des MoS_2 in Anwesenheit von Graphit durch Zugabe eines dritten Stoffes, z. B. Sb (SbS_4), synergistisch erheblich verstärkt werden kann (Bild 3.13).

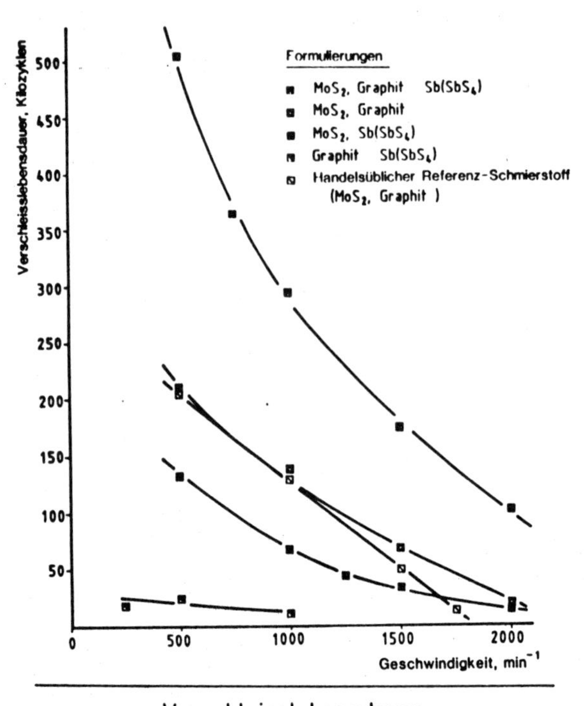

Verschleisslebensdauer
gebundener Festschmierstoffe
-Verhalten einer optimalen
Dreikomponenten - Formulierung

Bild 3.13: Synergistische Effekte bei der Formulierung von Festschmierstoffen (MoS_2/Graphit/Sb (SbS_4))

4 Entwicklung der Reibungs- und Schmierungstheorie

4.1 Allgemeines

Auch hinsichtlich der Entwicklung der Reibungs- und Schmierungstheorie soll versucht werden, den zunehmenden Wissensstand chronologisch zu erfassen und den wichtigsten Menschheits- und Industrieepochen zuzuordnen (2, 3, 4, 5, 7, 8, 12).

4.2 In der vorgeschichtlichen Zeit (bis 3500 v. Chr.)

Offensichtlich kannte man den bewegungshemmenden Widerstand durch Reibung. Man nutzte z. B. die Reibung durch Reiben von Holz gegen Holz, um Feuer zu machen, aber auch durch Rollen angespitzter Stäbe zwischen den Handflächen als primitive Bohrwerkzeuge.

4.3 In der frühen Zivilisation (nach 3500 v. Chr.)

Von den Sumerern und den Ägyptern ist bekannt, daß sie wie oben bereits erwähnt, unter Ausnutzung der Festkörperreibung Bohrwerkzeuge betrieben. Man hatte aber bereits auch Möglichkeiten erkannt, die Reibung zu verringern, also beim Transport von Lasten Kufen und Schlitten zu verwenden.

Eine Nachrechnung des Transportproblems, welches in Bild 2.4 gezeigt wurde, ergibt übrigens eine Reibungszahl von 0,2, die kaum für trockene Bedingungen erreichbar erscheint. Daraus läßt sich ableiten, daß der erste Tribologe tatsächlich einen „Schmierstoff" zur Verringerung der Trockenreibung anwendete (siehe auch Bild 4.1).

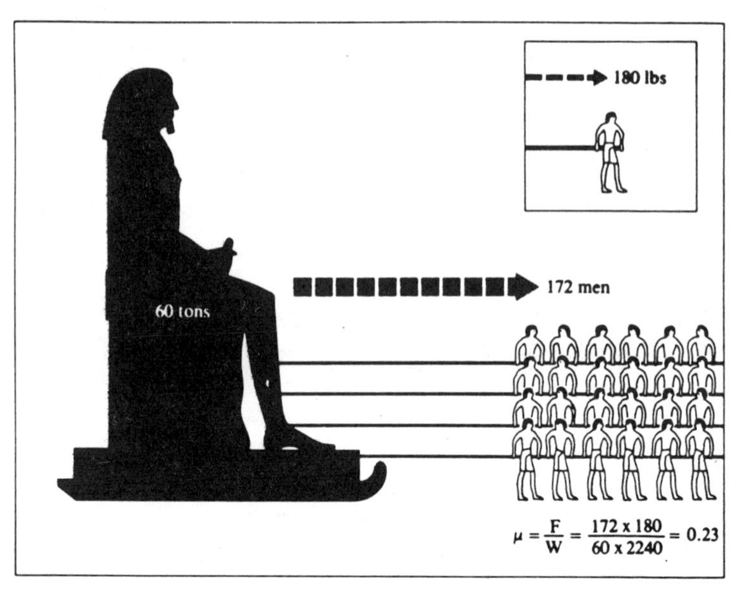

Bild 4.1: Nachrechnung der Reibungsverhältnisse beim Transport der Statue des Ti (Bild 2.4)

4.4 In der griechischen und römischen Zeit (900 v. Chr. – 400 n. Chr.)

In dieser Zeit sammelte man Erkenntnisse, wie man am besten die die Bewegung hemmende Reibung senken könnte. Der Grieche Hero erklärte fünf Möglichkeiten, um mit einem gegebenen Kraftaufwand ein bestimmtes Gewicht zu bewegen: Rad/Achse-System, Hebel, Riemenscheibensystem, Keil und endlose Schraube. Ihm war auch bekannt, daß mit bestimmten Werkstoffpaarungen in Lagern die Reibung geringer war. Bronze war ein bevorzugter Werkstoff für Lagerbuchsen und Zapfen. Auch den Römern waren diese Lösungen der Reibungsprobleme geläufig, wobei übrigens auch bekannt war, daß durch Einreibung der Zapfen mit Öl diese leichtgängiger in einer Hülse gedreht werden konnten.

Nicht zu vergessen ist, daß in dieser Periode erkannt wurde, daß Rollreibungswiderstände niedriger als Gleitreibungswiderstände sind.

4.5 Im Mittelalter (400 – 1450)

Neue Erkenntnisse zu Grundlagen der Tribologie wurden in dieser Epoche nicht gewonnen. Die Spärlichkeit der Aufzeichnungen deutet auf eine gewisse Stagnation bei der Entwicklung in diesem Bereich hin. Teilweise geriet sogar bisher bekanntes und bereits in die Praxis umgesetztes Wissen wieder in Vergessenheit. Erst zum Ende dieser Epoche mit dem allmählichen Übergang zur Renaissance deutet sich eine Trendwende an.

4.6 In der Renaissance (1450 – 1600)

Es war Leonardo da Vinci, der in dieser Epoche die ersten grundlegenden und systematischen Versuche zum Wesen der Reibung und der sie beeinflussenden Parameter durchführte. Bild 4.2 zeigt die Skizzen seiner Versuchsanordnung. Nach (a) wurde die Reibungskraft zwischen horizontalen und geneigten Flächen, nach (b) der Einfluß der scheinbaren Berührungsfläche auf die Reibungskraft, nach (c) ebenfalls die Reibungskraft zwischen horizontalen Flächen und nach (d) das Reibungsmoment in einem Halblager bestimmt (1470).

Man kann daher Leonardo da Vinci die beiden folgenden Reibungsgesetze zuordnen, die übrigens später von Amontons bestätigt wurden:

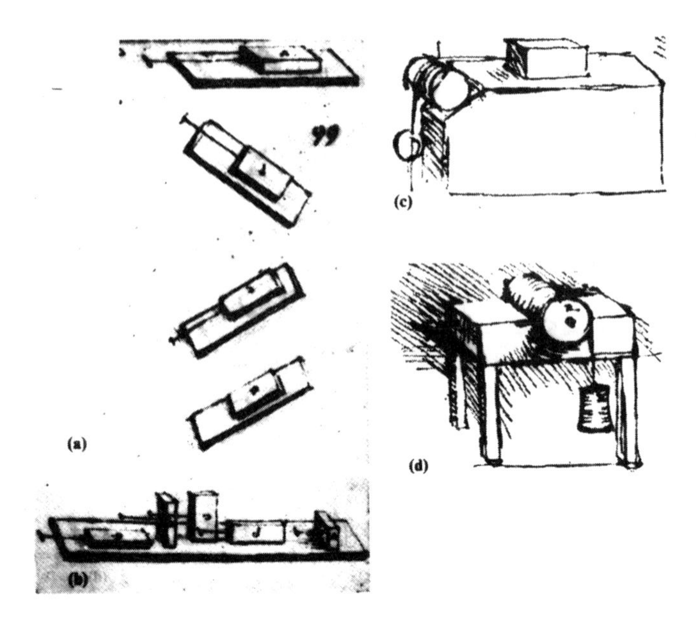

Bild 4.2: Skizzen von Leonardo da Vinci zu seinen Versuchsanordnungen für die Untersuchung der Reibung (um 1470)

1. ***Gesetz der Reibung***
Die Reibungskraft ist direkt proportional der aufgebrachten Belastung.

2. ***Gesetz der Reibung***
Die Reibungskraft ist unabhängig von der scheinbaren Berührungsfläche.

Er führte übrigens erstmals die Reibungszahl ins Spiel, die er wie folgt definierte:

$$\text{Reibungszahl} = \frac{\text{Reibungskraft}}{\text{Belastungskraft}}$$

Als falsch stellte sich jedoch seine Behauptung heraus, wonach bei glatten Flächen der „Reibungswiderstand gleich einem Viertel des Gewichts" des Körpers, also die Reibungszahl gleich 0,25 sei. Allerdings entspricht dieser Wert recht genau der Reibungszahl bei trockener Reibung für die in jener Epoche verwendeten Werkstoffpaarungen. Leonardo hat also richtig gemessen, wenn auch falsch gefolgert.

Leonardo da Vinci studierte auch das Phänomen des Verschleißes in Gleitlagern. Bild 4.3 zeigt Skizzen seiner Versuchsanordnung. Nach (a) und (b) wies er nach, daß die Verschleißrille sich in Richtung des Lastvektors ausbildet. Teilbild (c) spiegelt seine Beobachtung wider, wodurch auch der Lagerzapfendurchmesser infolge des Verschleißes kleiner wird, so daß der Durchmesser der Verschleißrille in der Lagerschale ebenfalls während des Verschleißprozesses abnimmt (1470).

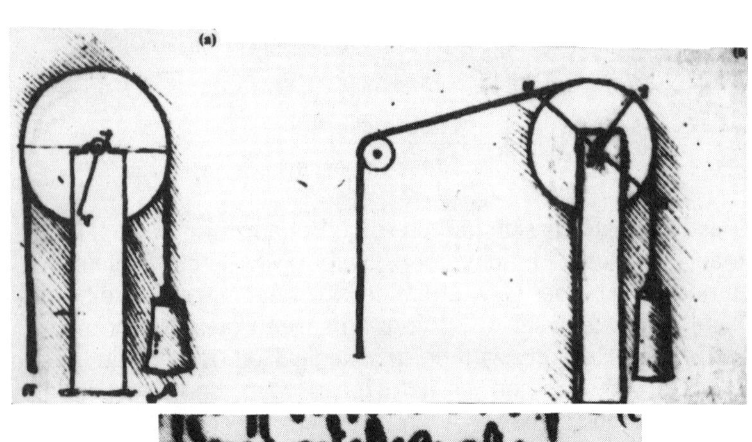

Bild 4.3: Skizzen von Leonardo da Vinci zu seinen Versuchsanordnungen für die Untersuchung des Verschleißes (um 1470)

4.7 In der Zeit der beginnenden industriellen Revolution (1600 – 1750)

In diese Epoche fällt das Wirken von Robert Hooke (1635 – 1703), der sich um 1680 intensiv mit der Wälzreibung befaßte (Bild 4.4). Im übrigen ist er bekannt für die Entdeckung des kürzesten Gesetzes der Physik „Die Dehnung ist proportional der Kraft" (ut tensio sic vis).

Bei seinen Wälzreibungsuntersuchungen entdeckte er die Einflüsse von Deformation und Adhäsion auf den Reibungswiderstand. Wie man aus Bild 4.4 ersehen kann, hat Hooke die wesentlichen Aspekte der Wälzreibung erkannt.

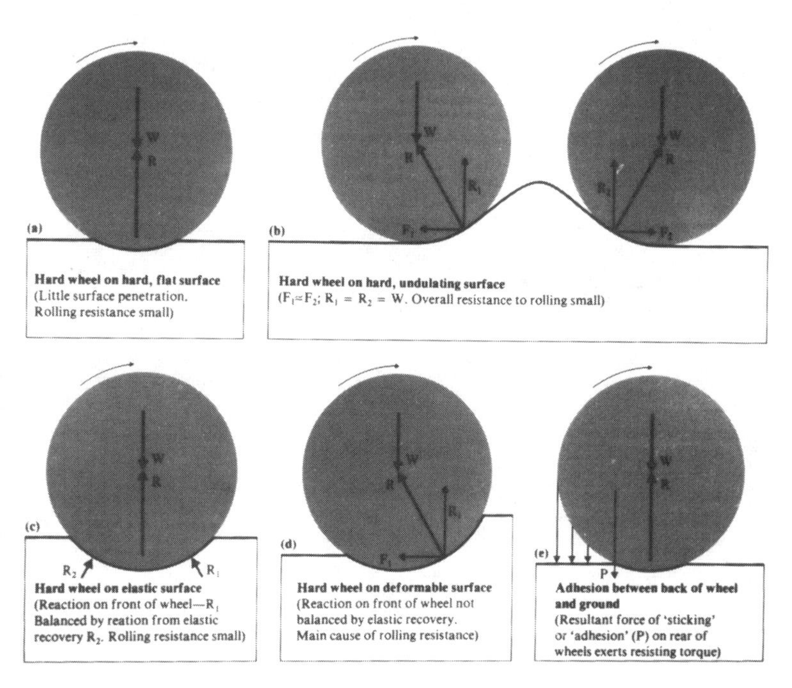

Bild 4.4: Experimente zur Wälzreibung von Hooke (um 1680)

Der Name Guillaume Amontons (1663—1705) ist untrennbar mit den Gesetzmäßigkeiten der trockenen Reibung verbunden. Bild 4.5 zeigt eine Skizze seiner Versuchsanordnung für die Reibungsversuche. Als Reibpaarungen wählte er Kupfer, Eisen, Blei und Holz in verschiedenen Kombinationen, deren Oberflächen er vor jedem Versuch mit altem Schweinefett einrieb (1699).Nach unserem heutigen Verständnis untersuchte Amontons also nicht die trockene Reibung, sondern arbeitete unter den Bedingungen der Oberflächenschichtreibung. Er fand folgende Zusammenhänge heraus:

1. Der Reibungswiderstand verkleinert oder vergrößert sich nur mit verringerter oder erhöhter Belastung und nicht mit Abnahme oder Zunahme der Oberflächen. (1. und 2. Gesetz der Reibung).

2. Der Reibungswiderstand von Materialpaarungen aus Eisen, Kupfer, Blei und Holz ist im wesentlichen gleich, wenn die Oberflächen mit Schweinefett eingeschmiert werden.

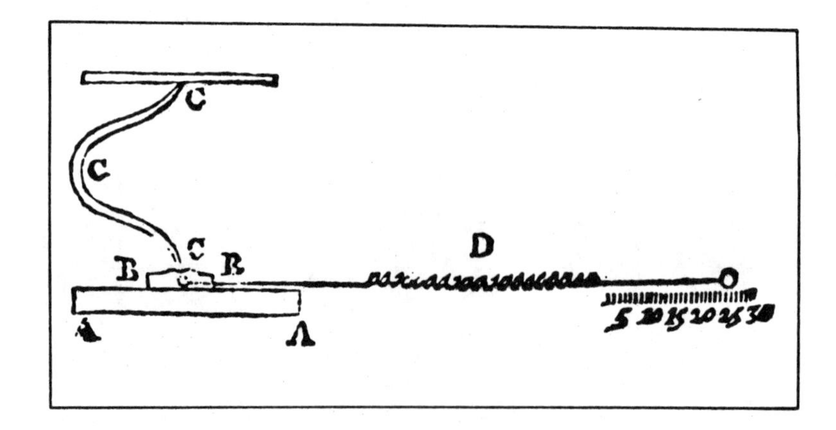

Bild 4.5: Skizze der Versuchseinrichtung von Amontons für Reibungsmessungen (1699)

3. Der Reibungswiderstand entspricht ungefähr einem Drittel der Belastung.

Sowohl hinsichtlich der richtigen Aussagen (1. und 2. Gesetz der Reibung) sowie der falschen Schlußfolgerungen hinsichtlich der Höhe und Konstanz der Reibung decken sich die Beobachtungen von Amontons im wesentlichen mit jenen von Leonardo da Vinci.

Auch andere Naturwissenschaftler beschäftigten sich mit der Reibung. Hierzu gehörten Philippe de la Hire (1640–1718), Gottfried Wilhelm von Leibnitz (1646–1716), Francois Joseph de Camus, John Theophilus Desaguliers (1683–1744), Bernard Forrest de Belidor (1697–1761) und vor allem Leonard Euler (1707–1783).

Bild 4.6 zeigt Skizzen seiner Reibungsversuche. In Teilbild (a) erkennt man, daß er die Rauheit der Oberflächen durch das Modell dreieckiger Abschnitte beschrieb. Nach Teilbild (b) analysierte er die kinetische Reibung bei der Bewegung eines Klotzes auf einer geneigten Ebene. Die Arbeiten von Euler sind durch folgende Aspekte bemerkenswert:

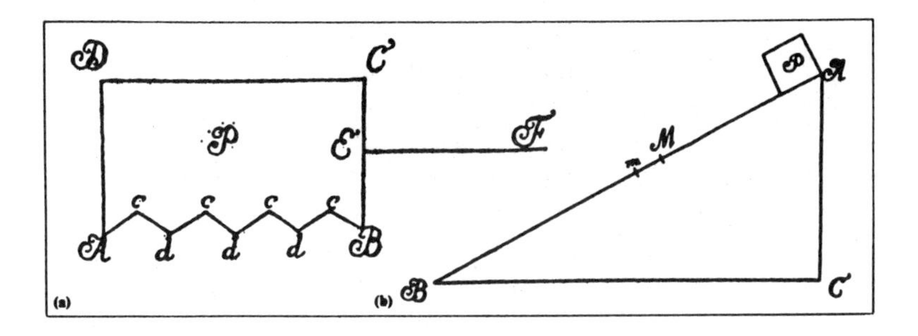

Bild 4.6: Reibungsexperimente von Euler (um 1750)

– Eindeutige analytische Erfassung der Reibung
– Einführung des Symbols "μ" als Reibungszahl
– Unterscheidung zwischen statischer und kinetischer Reibung.

Ein weiterer tribologischer Höhepunkt dieser Epoche ist das Wirken von Sir Isaak Newton (1642–1727) (Bild 4.7). Er definierte die Viskosität als innere Reibung eines strö-

Bild 4.7: Sir Isaac Newton (1642–1727)

menden Mediums und kennzeichnete sie als Quotient aus Schubspannung und Schergefälle (1687) (Bild 4.8):

$$\text{Viskosität} = \frac{\text{Schubspannung}}{\text{Schergefälle}}$$

Damit legte Newton den Grundstein für die mathematische Erfassung der Flüssigkeitsreibung und Hydrodynamik.

4.8 Während der industriellen Revolution (1750 – 1850)

Neben einigen anderen war es vor allem Charles Augustin Coulomb (1736–1806) (Bild 4.9), der systematische Untersuchungen zur Gleitreibung und Wälzreibung betrieb. Bild 4.10 zeigt seine Apparatur zur Untersuchung der Gleitrei-

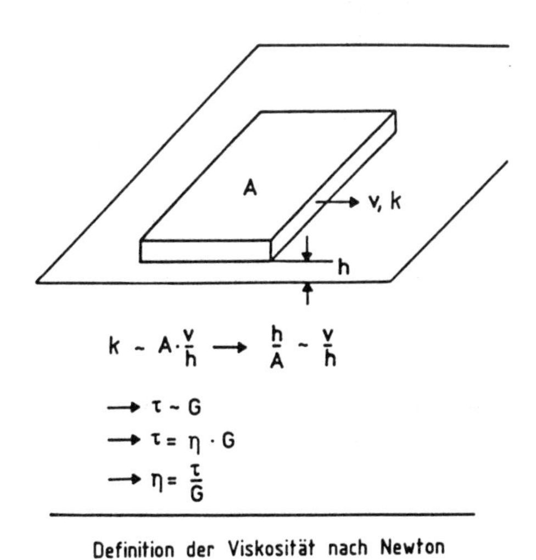

Bild 4.8: Definition der Viskosität nach Newton (1687)

Bild 4.9: Charles Augustin Coulomb (1736–1806)

bung. Er untersuchte die Einflüsse der Werkstoffpaarung sowie der Oberflächenbeschaffenheit, der Größe der Oberfläche, der Belastung, der Dauer der Bewegung sowie der Umgebungsbedingungen auf die Reibung. Seine Ergebnisse bestätigen die bereits von da Vinci und Amontons gefundenen Zusammenhänge in bezug auf die Abhängigkeit der Reibungskraft von der Belastung und deren Unabhängigkeit von der Fläche. Interessant sind seine Überlegungen zur Ursache der Reibung, die er vor allem in der elastischen Deformation der Oberflächen und dem „Übereinander-Wegheben" der Rauheiten sah. Seine Modellvorstellungen von der Oberflächenrauheit sind in Bild 4.11 wiedergegeben. Für seine Wälzreibungsversuche

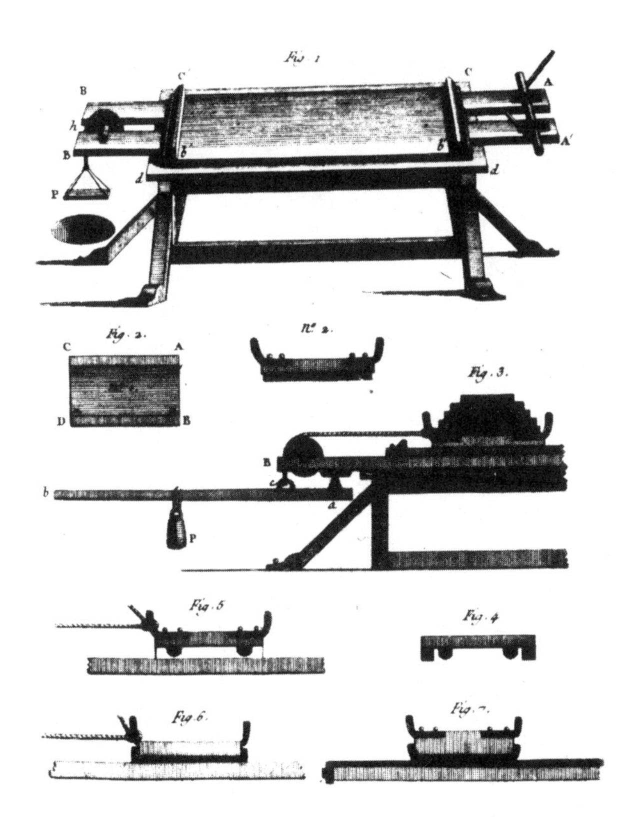

Bild 4.10: Coulomb's Apparat zur Untersuchung der Gleitreibung (1785)

verwendete er die in Bild 4.12 gezeigte Apparatur. Coulomb fand heraus, daß auch die Wälzreibungskraft der Belastungskraft proportional aber viel kleiner als die Gleitreibungskraft ist.

Intensiv wurde auch Verschleißforschung betrieben. Hier ist insbesondere George Rennie zu nennen, der um 1825 mit der in Bild 4.13 gezeigten Apparatur Reibungs- und Abriebs-

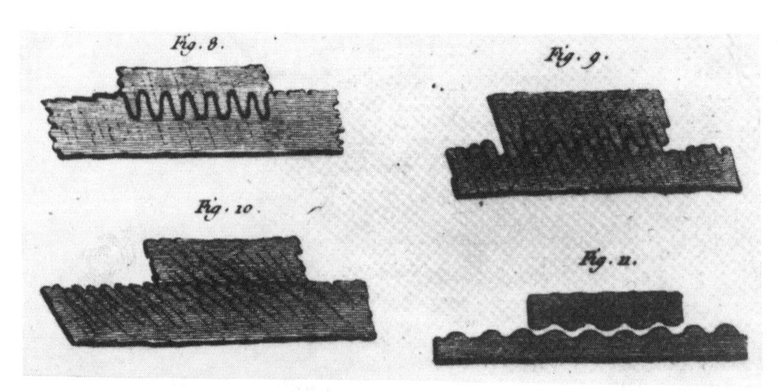

Bild 4.11: Coulomb's Modelle zur Darstellung rauher Oberflächen (1785)

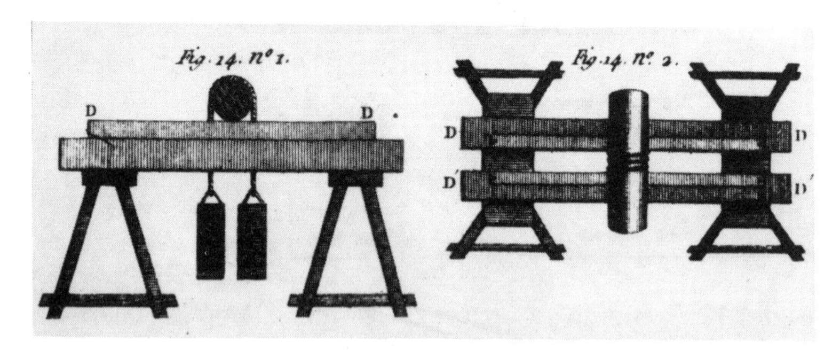

Bild 4.12: Coulomb's Apparat zur Untersuchung der Wälzreibung (1785)

versuche an den Werkstoffen Messing und Eisen durchführte. Er fand zum Beispiel heraus, daß durch Einschmieren der Oberflächen mit Seife die Reibungszahl auf ein Drittel des Wertes bei trockener Reibung zurückging. Bild 4.14 zeigt einige von ihm ermittelte Reibungszahlen für trockene Reibung.

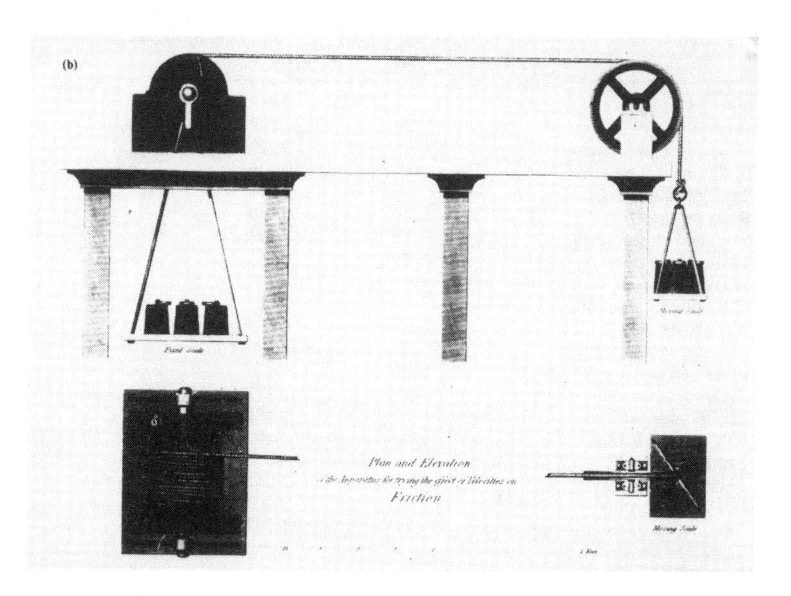

Bild 4.13: Apparatur von Rennie für Reibungs- und Verschleißversuche mit Messing und Eisen (um 1825)

Umfassende Verschleißexperimente führte Hatchett mit der in Bild 4.15 gezeigten Apparatur durch (1803). Insbesondere interessierte er sich für den Abrieb bei Goldmünzen, die gegeneinander oder gegen Münzen aus Silber oder Kupfer rieben. Er fand folgende Gesetzmäßigkeiten heraus:

Materials	Mean pressure (lbf/in²)	Coefficient of friction (μ)
Steel on ice (load 144 lbf)	171	0·014
Ice on ice	2·25	0·028
Hardwood on hardwood	28–728	0·129
Brass on wrought iron	6·09	0·136
Brass on steel	5·33	0·141
Brass on cast iron	6·10	0·139
Soft steel on soft steel	6·10	0·146
Cast iron on steel	6·10	0·151
Wrought iron on wrought iron	6·10	0·160
Cast iron on cast iron	5·33	0·163
Hard brass on cast iron	4·64	0·167
Cast iron on wrought iron	6·10	0·170
Brass on brass	6·10	0·175
Tin on cast iron	5·33	0·179
Tin on wrought iron	6·10	0·181
Soft steel on wrought iron	6·09	0·189
Leather on iron	0·66 → 28·44	0·25
Tin on tin	6·10	0·265
Granite on granite	-	0·303
Yellow deal on yellow deal	-	0·347
Sandstone on sandstone	-	0·364
Woollen cloth on woollen cloth	-	0·435

Bild 4.14: Reibungszahlen für trockene Reibung nach Rennie

- Reines Gold verschleißt mehr als legiertes Gold
- Wenn gleiche Metalle gegeneinanderreiben, ist der Verschleiß umgekehrt proportional zur Dehnbarkeit
- Reiben Metalle ungleicher Härte gegeneinander, verschleißt das weichere Metall stärker als das härtere. Dabei findet ein Materialübertrag vom weichen zum harten Material statt
- Der Verschleiß von Kupfer ist größer als jener anderer Metalle (Reibung gegen sich selbst)

Um diese Zeit war auch Arthur-Jules Morin (1795–1880) auf dem Gebiet der Reibungsforschung tätig. Zur Beschreibung der Abhängigkeiten der Gleitreibung verwendete er anstelle der bisher fast ausschließlich verwendeten Reibungskraft die

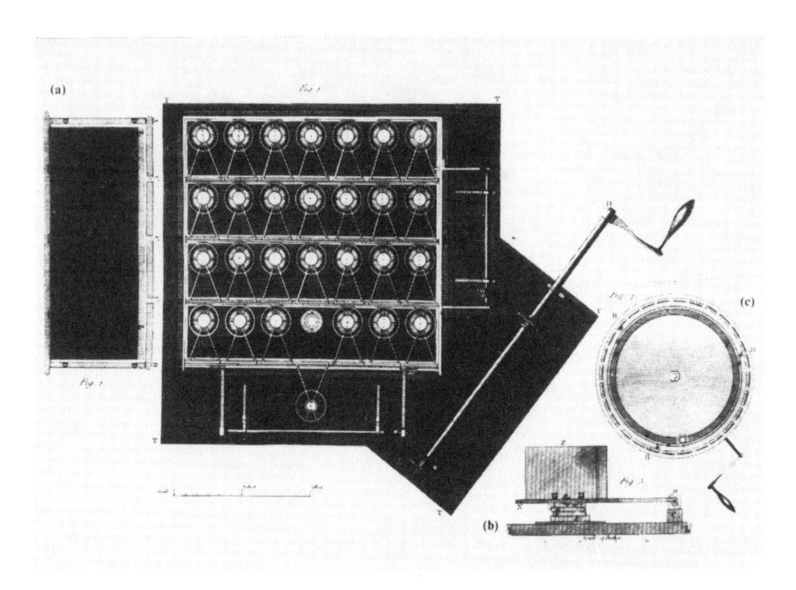

Bild 4.15: Verschleiß-Prüfapparatur von Hatchett (1803)

Reibungszahl. Wichtiger als seine Gleitreibungsversuche sind aber seine Experimente zur Wälzreibung. Er fand, daß die Wälzreibungskraft direkt proportional der Belastung F und umgekehrt proportional dem Wälzkörperdurchmesser R ist (1835), also

$$F_R = k\frac{F}{R}$$

Demgegenüber leitete Dupuit aus seinen Wälzreibungsexperimenten (Bild 4.16) die folgende Beziehung ab (1839):

$$F_R = k\frac{F}{R^{\frac{1}{2}}}$$

Erst mehr als 40 Jahre später bestätigte Hertz, daß Dupuit recht hatte.

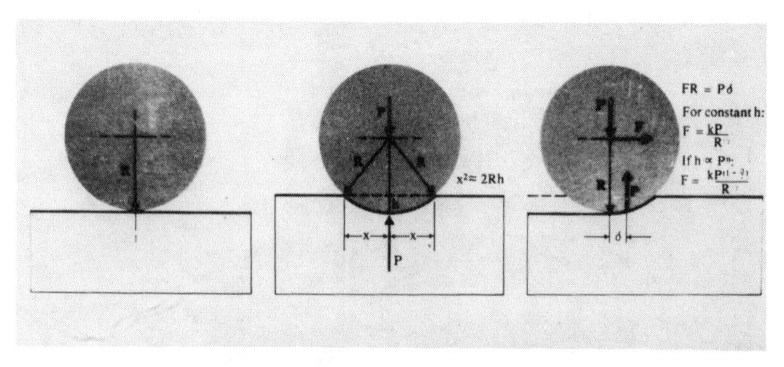

Bild 4.16: Wälzreibung nach Dupuit (1839)

Von größter Bedeutung ist, daß Navier (1823) erstmals, und unabhängig von ihm Stokes (1845), die Viskosität in Newtons Gesetz für die Bewegung einer strömenden Flüssigkeit einführte. Die als Navier-Stokes'sche Bewegungsgleichung bekannte Gleichung (Bild 4.17) diente später als Grundlage der mathematischen Beschreibung der hydrodynamischen Theorie.

4.9 75 Jahre technischer Fortschritt (1850 – 1925)

In diese Epoche fällt das Wirken von Heinrich Rudolph Hertz (1857–1894) (Bild 4.18). Von seinem umfangreichen Wirken auf dem Gebiet der Physik haben seine Untersuchungen zur Behandlung der Spannungen in belasteten Kontakten sowie die mathematische Berechnung der Werkstoffdeformationen, die er 1881 der Physikalischen Gesellschaft in Berlin vortrug, den größten Impuls gegeben. Sie bestätigten nachträglich die Ergebnisse von Dupuit zur Wälzreibung und sind die Grundlage für die Erfassung und mathematische Behandlung der Reibungsvorgänge in Wälzlagern geworden und bis heute geblieben.

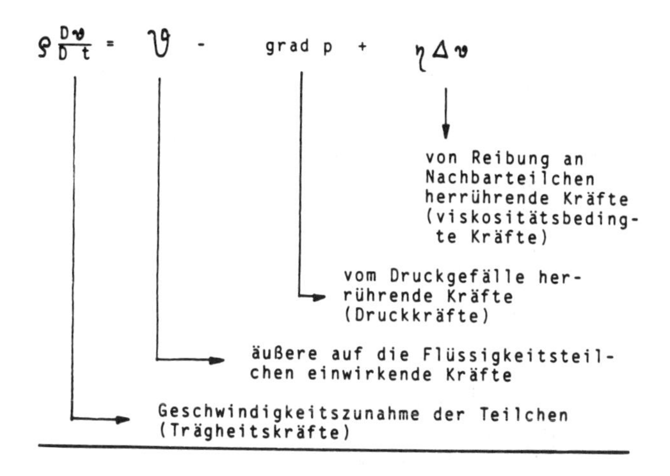

Bild 4.17: Navier-Stokes'sche Bewegungsgleichung (1823/1845)

Gustav Adolph Hirn (1815–1890) interessierte sich ebenfalls für das Gleitlager und führte umfassende Reibungsversuche im trockenen und geschmierten Zustand durch. Für die Trokkenreibung bestätigt er die bisherigen Erkenntnisse, wobei er, wie auch Coulomb, die Reibungszahl zur Beschreibung der Reibungsphänomene verwendete. Danach gilt:

> Die Reibungszahl ist unabhängig von der Belastungskraft, der Geschwindigkeit und der scheinbaren Berührungsfläche.

Für die Reibungszahl geschmierter Lager stellte er eine Abhängigkeit von Belastung, Geschwindigkeit und Viskosität fest. Diese Ergebnisse müssen als Vorläufer hydrodynamischer Erscheinungen gewertet werden.

Bild 4.18: Heinrich Rudolph Hertz (1857–1894)

Bemerkenswert für diese Epoche sind auch die Gleitlagerversuche von Nikolai Pavlovich Petrov (1836–1920). Bild 4.19 zeigt sein Reibungsgesetz für das unbelastete, konzentrische Lager, das er 1883 veröffentlichte. Diese Beziehung gilt auch heute noch und wird wie folgt geschrieben:

$$\mu/\chi = \pi \cdot \frac{\eta \circ \omega}{\bar{p} \cdot \chi^2} = \frac{\pi}{S_0}$$

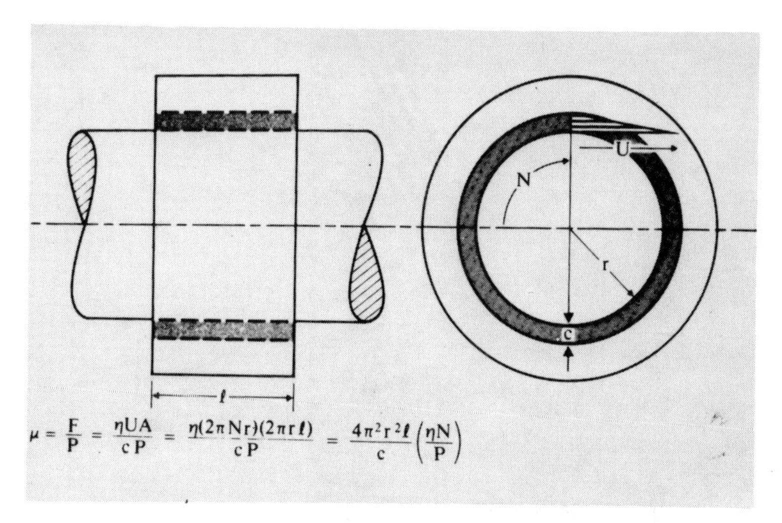

Bild 4.19: Reibungsgesetz von Petrov für das konzentrische Gleitlager (1883)

Wichtigstes Ereignis dieser Epoche ist zweifelsohne die Entdeckung des hydrodynamischen Druckaufbaus in Gleitlagern durch Beauchamp Tower (1845–1904) (Bild 4.20). Bild 4.21 zeigt die von ihm verwendete Gleitlagerapparatur, mit der er verschiedene Gleitlagerausführungen und Möglichkeiten der Ölzufuhr in den Lagerspalt untersuchte (1883). Diese Ausführungen zeigt Bild 4.22 (1883).

1885 entdeckte Tower dann in einer Teillagerschale das Auftreten hydrodynamischer Drücke. Bild 4.23 zeigt die gemessene axiale und radiale Druckentwicklung in einem Gleitlager aus seiner Originalveröffentlichung aus dem Jahre 1885. Tower stellte fest, daß das Integral der hydrodynamischen Druckentwicklung in Umfangs- und Längsrichtung des Lagers recht genau der mittleren Lagerbelastung entspricht, der Beweis der hydrodynamischen Tragfähigkeit.

Bild 4.20: Beauchamp Tower (1845–1904)

Es blieb dann Osborne Reynolds (1842–1912) vorbehalten (Bild 4.24), die Messungen und Beobachtungen von Tower in eine mathematische Form zu bringen. Von ihm stammt die Gleichung für die mathematische Behandlung hydrodynamischer Effekte (1886), die nach ihm als Reynolds'sche Differentialgleichung (Bild 4.25) benannt wurde. Sie wurde die Grundlage der modernen Lagerberechnung. Bild 4.26 zeigt einige seiner Vorstellungen über die Erscheinungen geschmierter Kontakte mit parallelen und geneigten Oberflächen. Die mathematischen Gleichungen von Reynolds waren natürlich

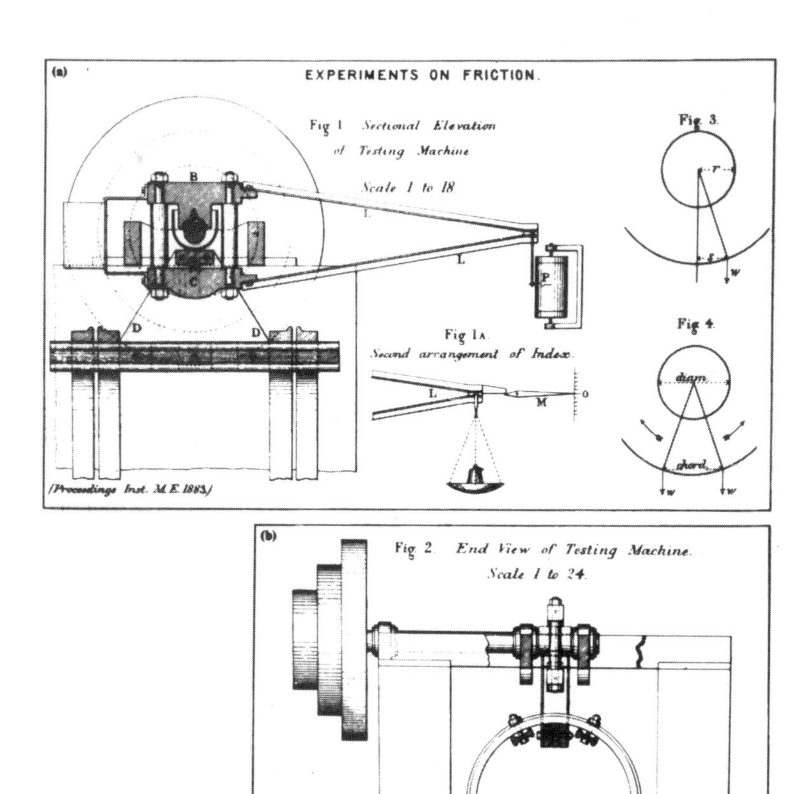

Bild 4.21: Gleitlager-Versuchsapparatur von Tower

nur schwer zu handhaben. Es ist daher das Verdienst von Arnold Johannes Wilhelm Sommerfeld (1868–1951) (Bild 4.27), eine analytische Lösung dieses Gleichungssystems vorgeschlagen zu haben (1904). Von besonderer Bedeutung ist die nach ihm

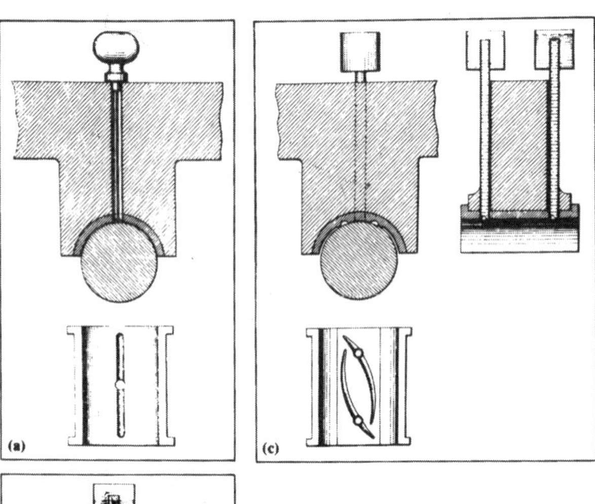

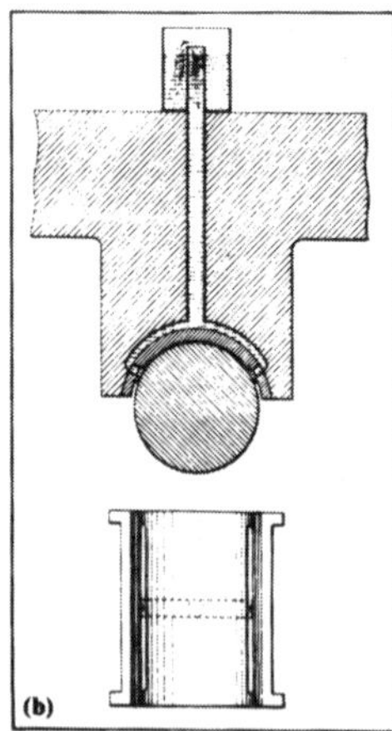

Bild 4.22: Lagerausführungen nach Tower (1883)
a. Übliche Schmierung über Nadelöler
b. Schmierstoffabteilung durch zwei Axialnuten
c. Ölnuten in einem Lokomotivlager

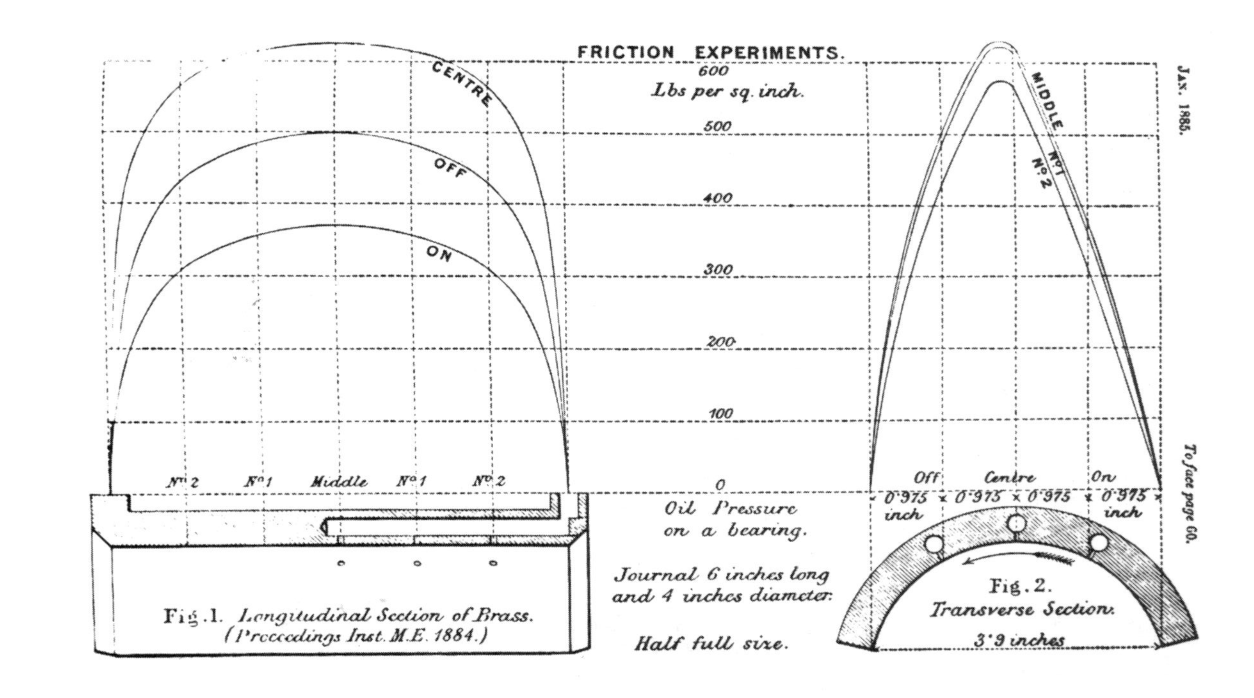

Bild 4.23: Von Tower gemessener hydrodynamischer Druck in Gleitlagern (1885)

Bild 4.24: Osborne Reynolds (1842–1912)

$$\frac{\delta}{\delta x}\left(\frac{h^3}{\eta}\cdot\frac{\delta p}{\delta x}\right)+\frac{\delta}{\delta z}\left(\frac{h^3}{\eta}\cdot\frac{\delta p}{\delta z}\right)$$

$$= 6\,(U_2+U_1)\,\frac{\delta h}{\delta x} + 6h\,\frac{\delta\,(U_2+U_1)}{\delta x} + 12\,\frac{\delta h}{\delta t}$$

Bild 4.25: Reynolds'sche Differentialgleichung der hydrodynamischen Druckentwicklung (1885)

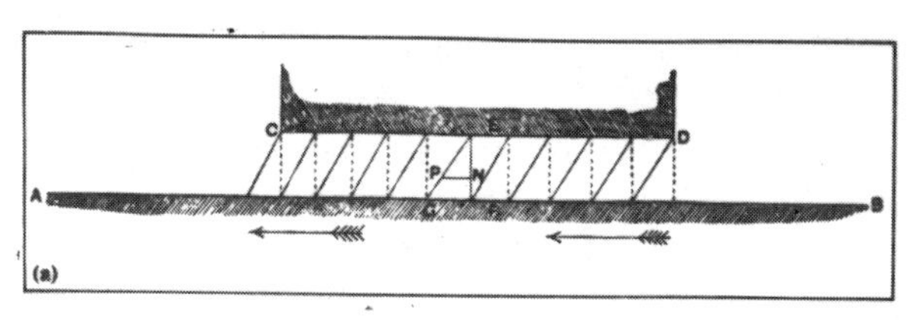
C
D
P
N
A
B
(a)

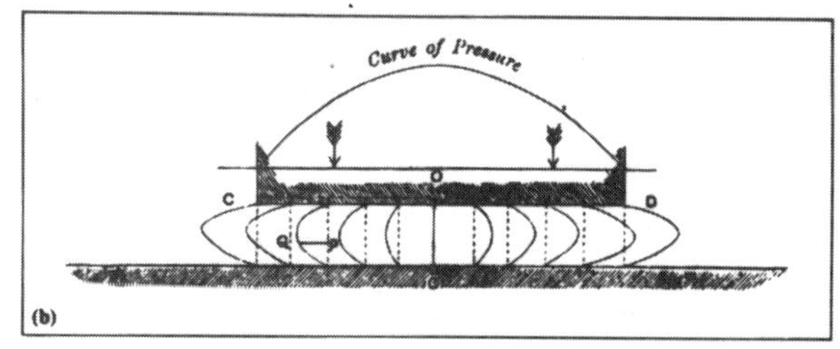
Curve of Pressure
O
C
D
Q
(b)

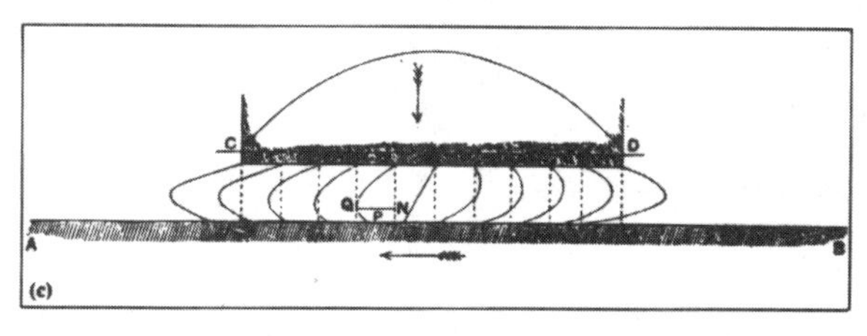
C
D
Q
P
N
A
B
(c)

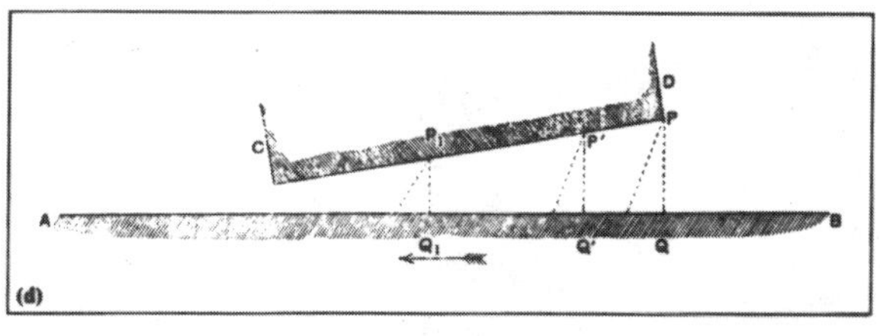
D
P
C
P'
A
B
Q'
Q
(d)

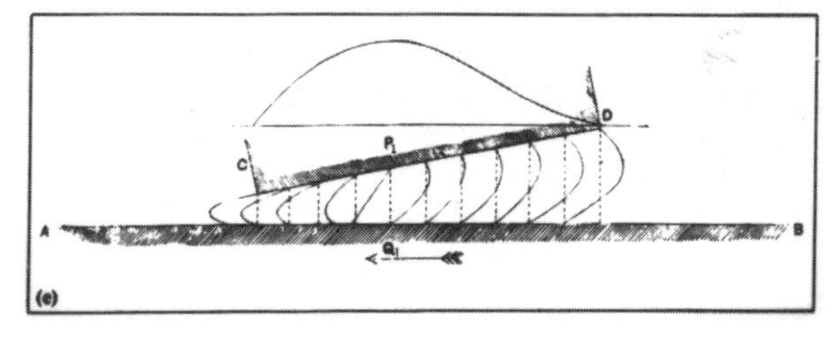
D
C
A
B
(e)

Bild 4.26: Reynolds Vorstellung von der Schmierung ebener Oberflächen (1886)

a. Parallele Flächen mit Tangentialbewegungen
b. Parallele Flächen mit Hubbewegungen
c. Parallele Flächen mit Tangential- und Hubbewegungen
d. Geneigte Oberflächen mit Tangentialbewegungen
e. Geneigte Oberflächen mit Tangentialbewegungen

Bild 4.27: Arnold Johannes Wilhelm Sommerfeld (1868–1951)

benannte Ähnlichkeits-Kenngröße zur Beurteilung hydrodynamischer Gleitlager, die sog. Sommerfeld-Zahl, die wie folgt definiert ist:

$$So = \frac{\bar{p} \cdot \chi^2}{\eta \cdot \omega}$$

mit der mittleren Lagerbelastung p, dem relativen Lagerspiel χ, der Viskosität η und der Winkelgeschwindigkeit ω.

Den Schlüssel zur Bestätigung der hydrodynamischen Schmierungstheorie hatte bereits früher Richard Stribeck (1861–1950), (Bild 4.28), mit seinen exakten Reibungsmessungen

Bild 4.28: Richard Stribeck (1861–1950)

an Gleitlagern gefunden. Bereits 1902 veröffentlichte er Ergebnisse, mit denen er die Abhängigkeit der Reibung von Belastung, Geschwindigkeit und Viskosität mit dem Reibungsminimum im Übergangsbereich zwischen Mischreibung und Flüssigkeitsreibungsnachweis. Bild 4.29 zeigt einige dieser nach ihm benannten Stribeck-Kurven. 12 Jahre später (1914) zeigte Ludwig Gümbel (1874—1923) (Bild 4.30), daß die Kurven rechts vom Ausklinkpunkt, also im Bereich der Flüssigkeitsreibung, zusammenfallen, wenn man die Reibungszahl über dem Ausdruck aufträgt. Diese Auftragung repräsentiert eigentlich erst die Stribeck-Kurve. Wohl erstmals hat Stanton 1923 hydrodynamische Drücke direkt in einem Gleitlager bei extrem hohen Belastungen gemessen. Bild 4.31 zeigt einige seiner Ergebnisse, mit denen der Nachweis hydrodynamischer Schmierfilmbildung unter Bedingungen gelang, die man heute der Elastohydrodynamik zuordnet. Martin wandte 1916 die klassische hydrodynamische Schmierungstheorie auf die geometrischen Verhältnisse einer Zahnradpaarung an. Für die Filmdicke h zwischen den abwälzenden Flanken fand er die folgende Beziehung:

$$\frac{h}{R} = 4{,}9 \left(\frac{\eta \cdot u}{\bar{p}}\right),$$

mit dem Krümmungsradius R, der Viskosität η, der Umfangsgeschwindigkeit u und der Belastung $\bar{p}$.

Wenig bekannt ist, daß sich O. Reynolds auch mit der Wälzreibung befaßte. Bereits 1875 stellte er fest, daß ein Teil der Wälzreibung auf dem Phänomen der elastischen Hysterese beruht, die zu Mikroschlupf führt. Mit anderen Voraussetzungen kam Heathcote 1925 zu einem vergleichbaren Resultat. Bild 4.32 verdeutlicht die Überlegungen von Reynolds (a) und Heathcote (b).

Auch auf dem Gebiet der trockenen Reibung wurde weiter gearbeitet. Als Beispiel sei auf die Überlegungen von Goodman verwiesen, der versuchte, alle Phänomene der trockenen

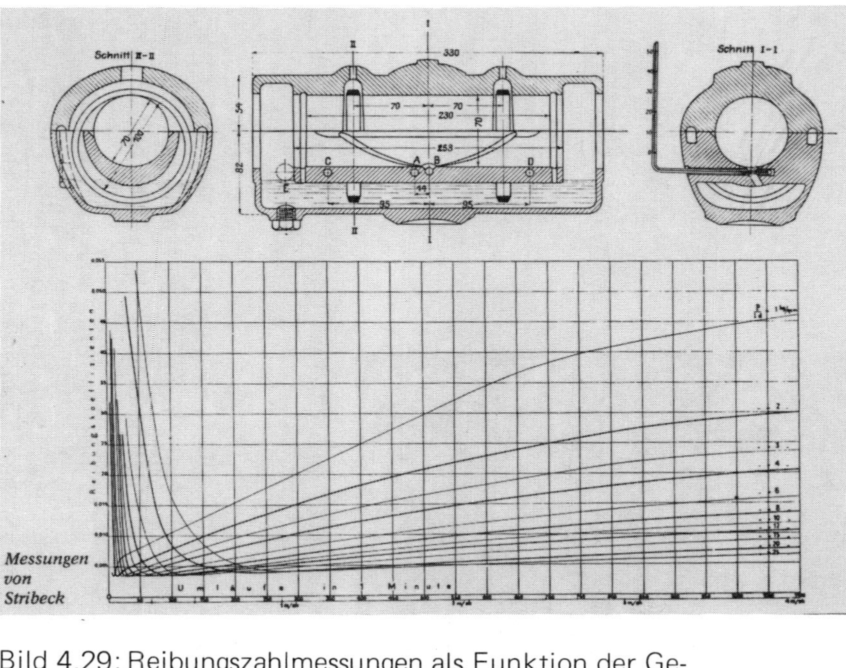

Bild 4.29: Reibungszahlmessungen als Funktion der Geschwindigkeit für verschiedene Lagerbelastungen nach Stribeck (1902)

Bild 4.30: Ludwig Gümbel (1874—1923)

Reibung mit der Oberflächenstruktur zu erklären (1886). Bild 4.33 zeigt schematisch u. a. seine Erklärung, wonach Reibung zwischen ähnlichen Werkstoffen höher als zwischen unähnlichen Werkstoffen ist.

Nicht unerwähnt bleiben soll, daß man sich in dieser Epoche erstmals systematische Gedanken zum Phänomen der Mischreibung und Oberflächenschichtreibung machte. Die Bedeutung dünner Oberflächenfilme, die durch physikalische Vorgänge oder durch chemische Reaktionen entstanden sind, wurden z. B. von Langmuir erkannt (1917, 1920). So wurden

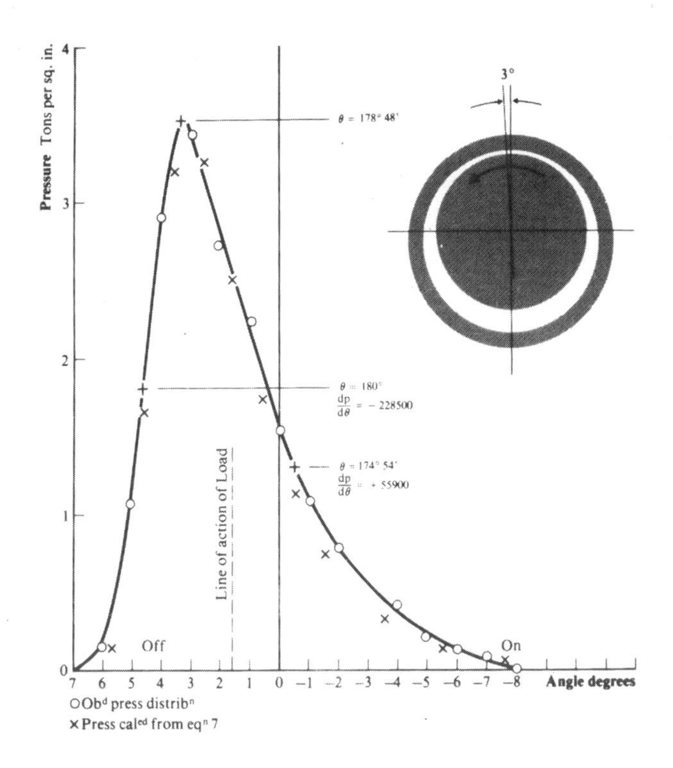

Bild 4.31: Messungen des hydrodynamischen Drucks in einem Gleitlager bei sehr hohen Belastungen, d. h. großen Exzentritäten (Stanton, 1923)

die bisherigen Erkenntnisse zusammengefaßt, und man stellte die Reibungszahl dem Schmierungszustand gegenüber (Bild 4.34). In dieser Zeit entstand auch das berühmte ,,Bürstenmodell'' nach Hardy (1922), mit dem er den Wirkungsmechanismus polarer Schmiersoffzusätze erklärte (Bild 4.35).

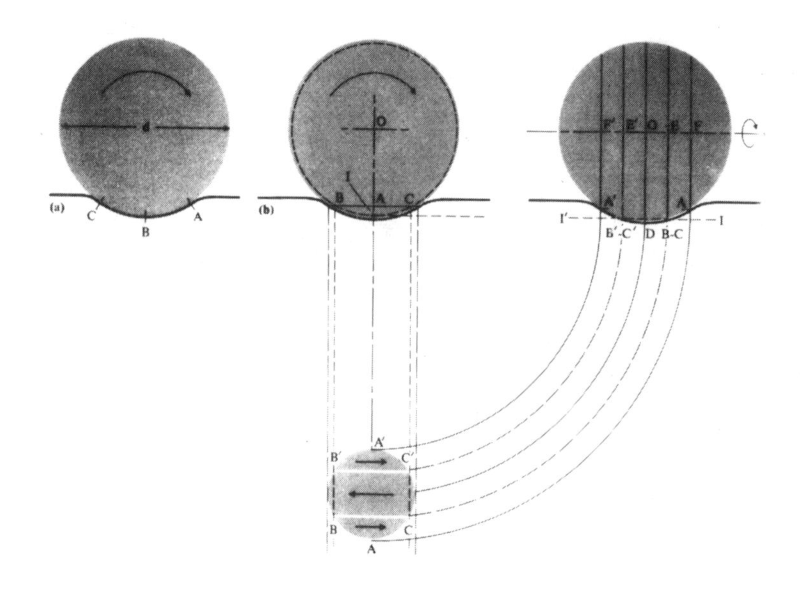

Bild 4.32: Überlegungen von Reynolds (1875) (a) und Heathcote (1923) (b) zur Wälzreibung durch Mikroschlupf

4.10 Von 1925 bis zur Gegenwart – das Zeitalter der Tribologie

Diese Epoche sei lediglich durch einige tribologische Stichworte gekennzeichnet, welche die Schwerpunkte der Überlegungen und Untersuchungen darstellen sollen.

- Ursachen der trockenen Reibung (geometrisch/mechanisch, molekular/adhäsiv, Deformationen)
- Ursachen der Wälzreibung
- Lagerwerkstoffe

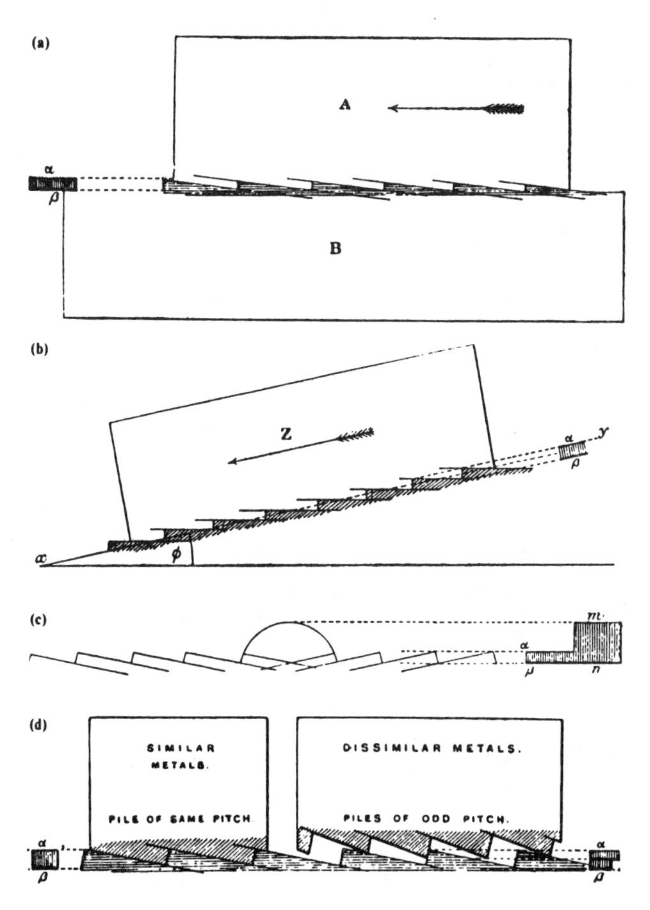

Bild 4.33: Überlegungen von Goodman zur trockenen Rei-
Reibung (1886)

- Wälzlager
- Gleitlager, hydrostatische Lager, Gaslager
- Schmierstoffe.

Explizit sei auf folgende Entwicklungen hingewiesen:

Stages of lubrication	Laws	Coefficient of friction
1. Unlubricated surfaces	Dry friction	0·10–0·40
2. Partially lubricated surfaces	Greasy friction	0·01–0·10
3. Completely lubricated surfaces	Viscous friction	0·001–0·01

Bild 4.34: Reibungszahlen für verschiedene Reibungszustände (1920)

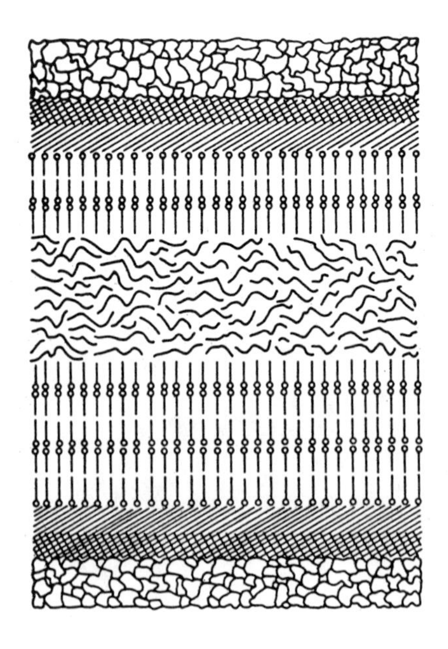

Bild 4.35: Mechanismus der Schmierwirksamkeit polarer Schmierstoffzusätze (nach Hardy, 1922) (Bürstenmodell)

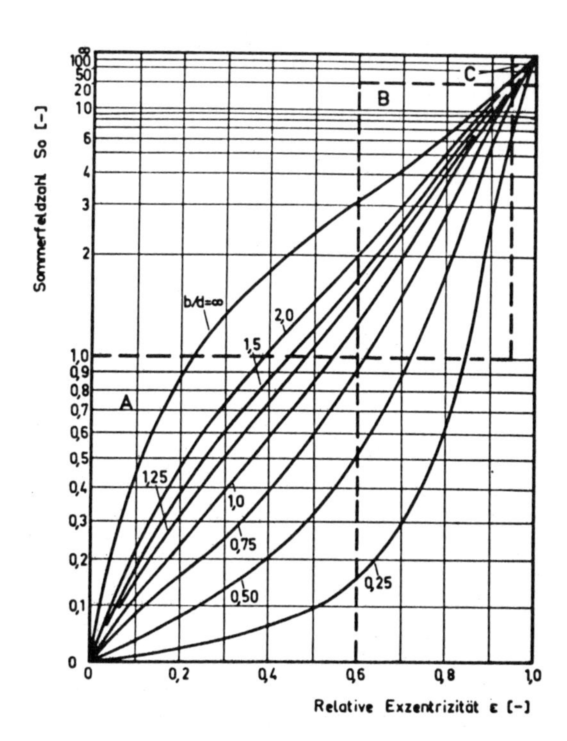

Bild 4.36: Exzentrität als Funktion der Sommerfeldzahl (nach Sassenfeld/Walther) – Lösung der Reynolds-Gleichung

– Lösungen der Reynolds'schen Differentialgleichung der hydrodynamischen Druckentwicklung für endlich lange Lager (Michell, Ocvirk, Du Bois, Kingsbury, Cameron und Wood, Sassenfeld und Walther). Bild 4.36 zeigt die Lösung von Sassenfeld-Walther als Diagramm.

— Das hydrodynamische Gleitlager als berechenbares Maschinenelement durch Arbeiten von G. Vogelpohl (Bild 4.37) anhand der sog. Übergangsformel:

$$n_{ü} = f\left(\frac{F}{C_{ü} \cdot \eta \cdot V}\right),$$

mit derÜbergangsdrehzahl $n_{ü}$, der Belastung F, der Viskosität η, dem Volumen V und dem Übergangsfaktor $C_{ü}$.

Bild 4.37: Georg Vogelpohl (1900—1975)

– Die elastohydrodynamische Lösung d.h. die Berücksichtigung der Druckviskosität und der Werkstoffelastizität bei der Lösung der Reynolds-Gleichung. Bild 4.38 zeigt die Filmdickengleichung von Dowson/Higginson (Bild 4.39). Damit wurde die Grundlage geschaffen, die elastohydrodynamische Schmierfilmentwicklung auf die Auslegung spezifisch hochbelasteter Reibkontakte, insbesondere auf Zahnradpaarungen, anzuwenden.

$$h_0/R = 2{,}65\ (\alpha E')^{0{,}54} \cdot \eta_0 u/(E'R)^{0{,}7} \cdot w/(E'R)^{-0{,}13}$$

Bild 4.38: Filmdickengleichung von Dowson/Higginson (1966)

Bild 4.39: Duncan Dowson

5 Zusammenfassung

Anhand der folgenden chronologisch geordneten Tabellen werden die wichtigsten Ereignisse zur Geschichte der Tribologie zusammengefaßt. Man erkennt deutlich, daß es Epochen gab, die eine Fülle zukunftsweisender Ergebnisse brachten, während in anderen Epochen das tribologische Wissen stagnierte.

In der vorgeschichtlichen Zeit (3500 v. Chr.)

Bewegungshemmung durch Reibung bekannt
Handabstützung als „Axiallager" von Bohrwerkzeugen
Aushöhlungen in Steinen/Hölzern als „Axial-Türpfosten-Lager"
Bitumen zur Beseitigung von Quietschgeräuschen

In der frühen Zivilisation (nach 3500 v. Chr.)

nach 3500 v. Chr.	– Einige Möglichkeiten zur Reibungssenkung bekannt
3000 v. Chr.	– Gleitmittel/Mörtel (wasserhaltiges Kalziumsulfat)
2500 v. Chr.	– Steinzapfenlagerung für eine Tempeltür
2500 v. Chr.	– Kupfernägel auf Rädern zur Verschleißminderung
2400 v. Chr.	– Kufen zur Gleitreibungsminderung
2400 v. Chr.	– „Tribologe" verwendet Schmierstoff
2000 v. Chr.	– Lagerung einer Töpferscheibe
2000 v. Chr.	– Bitumenreste in Töpferscheiben-Lagerungen

1880 v. Chr.	– Tribologe fährt mit
1450 v. Chr.	– „Hand"-Axiallager für Bohrwerkzeug
1400 v. Chr.	– Schmierstoffreste in Achslagern (Talg)
700 v. Chr.	– Holzrollen zur Reibungsminderung
225 v. Chr.	– Differentialgetriebe für „südanzeigenden" Karren
	– Hölzerne Zahnradgetriebe für Wasserschöpfwerke
	– Schrägverzahnung für Baumwollentkernmaschine

In der griechischen und römischen Zeit (900 v. Chr. – 400 n. Chr.)

um 500 v. Chr.	– Beschreibung zur Gewinnung von Bitumen und leichteren Ölen
	– Liste der bekannten Schmierstoffe, tierische und pflanzliche Öle
	– Erkenntnisse zur Senkung der Reibung durch bestimmte Werkstoffe, z. B. Bronze
	– Erkenntnis, daß Rollreibung niedriger als Wälzreibung ist
um 400 v. Chr.	– Kurbelprinzip und Lagerschalen
um 250 v. Chr.	– Schneckenverzahnung nach Archimedes
60 v. Chr.	– Spitzenlager (Türzapfenlager)
50 n. Chr.	– Erste Wälzlager in drehbaren Plattformen (Axialkugel- und Kegelrollenlager)
um 300 n. Chr.	– Winde mit Kombination aus Schnecken- und Stirnradverzahnungen

Im Mittelalter (400 bis 1450)

– Keine nennenswerte Weiterentwicklung von Maschinenelementen und Maschinerien

		– Schmierstoffe Mittelmeerländer: Dominanz des Olivenöls Mitteleuropa: Tierische Öle
		– Keine neuen Erkenntnisse zur Reibungstheorie
um	1200	– Arabische Wasserhebemaschine mit Zahnradpaarungen
um	1430	– Tretmühle mit Holzzahnrädern

In der Renaissance (1450 – 1600)

um	1450	– Studium der Zykloide durch Cusanus
	1470	– 1. und 2. Reibungsgesetz nach Leonardo da Vinci
		– Verschleißversuche von Leonardo da Vinci
um	1500	– Wälzscheiben-Lagerungen von Leonardo da Vinci
		– Kugellager mit Käfig von Leonardo da Vinci
		– Zahnräder und Getriebe von Leonardo da Vinci
		– Einstellbare Lagerblöcke für Gleitlager
		– Ziehwerk für Eisenstäbe nach Leonardo da Vinci
		– Karrenlager nach Agricola (Eisenzapfen in Holzbuchsen)
	1540	– Münsteruhr mit Zahnrädern (Überlingen am Bodensee)
	1550	– Spitzen- und Führungslager für Töpferscheibe
	1588	– Wälzscheibenlager für Schöpfwerk nach Ramelli
		– Zahnräder und Getriebe nach Ramelli
		– Schneckengetriebeexpander nach Ramelli
		– Keine neuen Schmierstoffentwicklungen

In der Zeit der beginnenden industriellen Revolution (1600 – 1750)

um 1600 – Spitzenlagerung für Türzapfen
– Geteilte Gleitlagerblöcke (Verwirklichung der Idee von da Vinci) mit Spielausgleich
1637 – Verwendung von Öl in Radlagern (China)
1661 – Wind-Wasserhebewerk und Schneckenwerk von Böckler
1665 – Definition der Evolvente durch Huygens
1685 – Hooke befaßt sich mit Wälzreibung
1687 – Newton definiert die Viskosität
1694 – Behandlung geometrischer Prinzipien der Verzahnung durch de la Hire
1699 – Amontons verwendet Schweinefett
– de la Hire verwendet Lardöl
– Reibungsuntersuchungen von Amontons (Bestätigung von L. da Vinci, weitere Erkenntnisse)
1724 – Verzahnungsuntersuchungen durch J. Leupold
1735 – Leupold verwendet Talg und Pflanzenöle
um 1750 – Reibungsversuche von Euler
Statische/kinetische Reibung, analytische Erfassung der Reibung

Während der industriellen Revolution (1750 – 1850)

– L. Euler befaßt sich mit der Theorie der Verzahnung
– Weiterentwicklung von Lagern und Getrieben
1758 – Eisenwalzwerk aus Emersons Mechanics mit Zahnrädern
1770 – Wälzlager für Wetterhahn auf Independence Hall, Philadelphia
1780 – Axial-Kugellager für Windmühle

1784 – Getriebe an Betriebsmaschine von J. Watt
1785 – Untersuchungen zur Gleit- und Wälzreibung von Coulomb
1787 – Patent für Wälzlager, W. George British Patent No. 1602
1794 – Achslagerungen nach Feltow
1794 – Patent für Wagenachsen-Lagerung nach Vaug-Vaughan, Innenringloses Wälzlager
1803 – Verschleißversuche von Hatchett
1803 – Triebwerk der ersten Lokomotive von Trevithich
1810 – Erste Destillationsanlage für Erdöl in Prag
1810 – Getriebe an englischer Leitspindeldrehbank
1812 – British Patent No. 3573, Schmierstoff aus Schweinefett und Graphit
1823 – Navier, Einführung der Viskosität in das Bewegungsgesetz von Newton
1825 – Reibungs- und Verschleißversuche von Rennie
1834 – Erste Destillationsanlage für Erdöl in Frankreich
1835 – Gleit- und Wälzreibungsversuche von Morin
1835 – British Patent No. 6814 für Patent-Palmölschmiere
1835 – British Patent No. 6945, Graphithaltiger Schmierstoff
1839 – Wälzreibungsversuche von Dupuit
1841 – Patent No. 9060 für Schmieröle aus Bitumen
1845 – Stokes, Einführung der Viskosität in das Bewegungsgesetz von Newton
1848 – British Patent No. 12109, Graphithaltiger Schmierstoff
1849 – British Patent No. 12571 für Mineralöl-Schmieröle
1859 – Erste Erdölbohrung von E.L. Drake in Titusville

75 Jahre technischer Fortschritt (1850 – 1925)

1860	– Wassergeschmiertes Gleitlager nach Aerts
1870	– Hölzerne Stirn- und Triebstockräder noch im Einsatz
1875	– Überlegungen zur Wälzreibung durch Reynolds
1879	– Zahnradantriebe der ersten E-Lok von Siemens
1881	– Hertz: Zusammenhang zwischen Belastung und Spannung
1881	– Reibungsversuche an Gleitlagern durch Hirn
1883	– Reibung am unbelasteten Gleitlager durch Petrov
1885	– Entdeckung der Hydrodynamik durch Tower
1886	– Mathematische Behandlung der Hydrodynamik durch Reynolds
1886	– Versuche zur trockenen Reibung durch Goodman
1902	– Reibungsversuche am Gleitlager durch Stribeck
1902	– Achsantriebe und Schaltgetriebe für Kraftfahrzeuge
1904	– Analytische Lösung der Reynolds'schen Gleichung durch Sommerfeld Sommerfeldzahl als Ähnlichkeitskenngröße für Gleitlager
1907	– Selbsteinstellendes Kugellager Entwicklung der Wälzlagerindustrie – Übergang von Starrschmieren zur flüssigen Schmierstoffen
1913	– Schiffsgetriebe mit doppelter Schrägverzahnung
1914	– Auswertung der Ergebnisse von Stribeck durch Gümbel
1916	– Buch „Das Erdöl" von Engler/Höfer Verschiedene durch Destillation gewonnene Schmieröle – Tierische und pflanzliche Öle als erste Additive

	– Graphit-Öl-Dispersionen
	– Emulgatoren für wassermischbare Öle
1916	– Anwendung der Hydrodynamik auf Zahnradpaarungen durch Martin
1917	– Bedeutung dünner Oberflächenschichten für Schmierung (Langmuir)
1922	– „Bürstenmodell" für Grenz-/Mischreibung nach Hardy
1923	– Messung hydrodynamischer Drücke im hoch belasteten Gleitlager durch Stanton
bis 1925	– Weiterentwicklung des Gleitlagers durch Tower, Kingsbury, Michell und Rayleigh
	– Überlegungen zur Wälzreibung durch Heathcote

Von 1925 bis zur Gegenwart – Das Zeitalter der Tribologie

	– Verfeinerung aller Maschinenelemente
	– Werkstoffwahl
	– Oberflächentechnik
	– Schadensanalyse
	– Zunehmende Verwendung von Additiven
	– Synthetische Schmierstoffe
	– Festschmierstoffe
1927	– AW- und EP-Zusätze
20/30er Jahre	– Lösungen der Reynolds'schen Differentialgleichung
30er Jahre	– Syntheseöle
seit 1933	– VI-Verbesserer
1936	– Oxidations- und Korrosionsinhibitoren
seit 1948	– MoS_2
50er Jahre	– Lösung von Sassenfeld/Walther
1952	– Detergents
1953	– ZnDDP
1957	– Dispersants
1966	– Dowson/Higginson: Elastohydrodynamic Lubrication
1967	– G. Vogelpohl: Betriebssichere Gleitlager

6 Literatur

1. Schönwälder, G.	Erdöl in der Geschichte. Mainz/Heidelberg, Verlagsanstalt Hüthig und Dreyer, 1958
2. Dowson, D.	History of Tribology. London/New York, Longman Ltd., 1979
3. Lang, O.	Geschichte des Gleitlagers. Stuttgart, Daimler-Benz AG, 1982
4. FAG Kugelfischer KGaA	Wälzlager auf den Wegen des technischen Fortschritts. München: Verlag R. Oldenbourg, 1984
5. Matschoß, C.	Die Geschichte des Zahnrads. Berlin: VDI-Verlag 1940
6. Seherr-Thoss, H.-Chr. Graf von	Die Entwicklung der Zahnradtechnik. Berlin: Springer-Verlag 1965
7. Dowson, D.	Lubricants and Lubrication in the Nineteenth Century, Joint Lecture of the Institution of Mechanical Engineers and the Newcomen Society, 20. November 1974
8. Vogelpohl, G.	Die geschichtliche Entwicklung unseres Wissens über Reibung und Schmierung. Öl und Kohle 36 (1940), H 9, 89–93, H 13, 129–134

9. Engler, C. und Höfer, H. v. — Das Erdöl. IV. Band. Die Prüfung und Verwendung des Erdöls, des Erdgases und der Erdölprodukte. Leipzig: Hirzel-Verlag, 1916

10. Zuidema H. H. — The Performance of Lubricating Oils. New York, Reinhold Publ. Co., 1952

11. Rommel, H. C. — 100 Jahre Schmierstoffe für Automobilmotoren – Erfahrungen und Erwartungen für die Zukunft –. Vorgetragen anläßlich der DGMK-Haupttagung 1986

12. Vogelpohl, G. — Über die Ursachen der unzureichenden Bewertung von Schmierungsfragen im vorigen Jahrhundert. Schmiertechnik + Tribologie 16 (1969) 5, 191–200

Stichwortverzeichnis

Schmierung ist unsere Welt

Klüber Lubrication gibt Vertrauen durch Unternehmensstärke, Erfahrung, hohe fortschrittliche Technologie und setzt Zeichen in der Schmierungstechnik. Mit Spezialschmierstoffen für die unterschiedlichsten Anwendungsgebiete und Anforderungen.

Natürlich können wir Ihnen hier nicht die komplette Palette der Klüber Lubrication Produkte vorstellen. Wir dürfen Ihnen allerdings verraten, daß es sich um eines der größten Schmierstoffsortimente handelt. Ein guter Grund für wettbewerbsbewußte Anwender, Techniker und Einkäufer, sich auch mit neuen Projekten an Klüber Lubrication zu wenden.

Und eines steht fest:
Die Zukunft der Schmierungstechnik führt weiter in Richtung Zuverlässigkeit, Wirtschaftlichkeit und Vielseitigkeit. Klüber Lubrication wird dabei weiterhin richtungsweisend sein.

Auskünfte erhalten Sie von Klüber Lubrication, München oder durch unsere Vertretungen – weltweit.

Kompetenz und Qualität

Klüber Lubrication München KG · Geisenhausenerstr. 7, D-8000 München 70
Telefon (089) 7876-0, Telex 523131, Telefax (089) 7876333

Das zeitgemäße Schmiersystem

Der UNI-Elektro-Tropföler versorgt bis zu 24 Schmierstellen, dosiert genau und sparsam, wobei die Steuerung über das Maschinenprogramm erfolgt.
Solide Ausführung in mehreren Leistungsgrößen ab Lager lieferbar.
Einfache Montage. Günstiger Preis.

Bitte fragen Sie an.

L. & G. BECK
Öler- und Schmiergerätefabrik
Industriegebiet Sulzdorf
7170 Schwäbisch Hall 13
Tel. (07907) 2166 · Telex 749805

Maschinenbau

Bartz, W. J., Prof. Dr.-Ing., und 9 Mitautoren
Gleitlagertechnik, Teil 1
319 Seiten, DM 62,–
ISBN 3-88508-613-1

Bartz, W. J., Prof. Dr.-Ing., und 15 Mitautoren
Gleitlagertechnik, Teil 2
416 Seiten, DM 94,–
ISBN 3-88508-787-1

Bartz, W. J., Prof. Dr.-Ing.
Handbuch der Kfz-Betriebsstoffe, Teil 1
338 Seiten, DM 72,–
ISBN 3-88508-505-4

Bartz, W. J., Prof. Dr.-Ing.
Handbuch der Kfz-Betriebsstoffe, Teil 2
440 Seiten, DM 98,–
ISBN 3-88508-507-0

Bartz, W. J., Prof. Dr.-Ing., und 7 Mitautoren
Schäden an geschmierten Maschinenelementen
301 Seiten, DM 76,–
ISBN 3-88508-600-X

Bartz, W. J., Prof. Dr.-Ing., und 22 Mitautoren
Tribologie und Schmierung in der Umformtechnik
606 Seiten, DM 138,–
ISBN 3-8169-0218-9

Bausch, Thomas, Dr.-Ing., und 19 Mitautoren
Zahnradfertigung, Teil A+B
636 Seiten, DM 124,–
ISBN 3-8169-0053-4

Behrendt, Werner K., Dr.
Flexible numerisch gesteuerte CNC-Fertigungssysteme
350 Seiten, DM 76,50
ISBN 3-8169-0159-X

Bernhardt, Rolf, Obering.
EDV zur Erstellung der Konstruktions- und Fertigungsunterlagen
184 Seiten, DM 48,–
ISBN 3-8169-0091-7

Burmester, Hans-Jörn, Obering. VDI
Optimierung spanender Formung
94 Seiten, DM 34,50
ISBN 3-8169-0100-X

Chatterjee-Fischer, R., Dr.-Ing., und 6 Mitautoren
Wärmebehandlung von Eisen-Werkstoffen
396 Seiten, DM 78,–
ISBN 3-8169-0076-3

Donkelaar
Moderne Zweitaktmotorenschmierung
ca. 180 Seiten, ca. DM 44,–
ISBN 3-8169-0219-7

Gahlau, H., Dipl.-Ing., und 7 Mitautoren
Geräuschminderung durch Werkstoffe und Systeme
341 Seiten, DM 74,–
ISBN 3-8169-0154-9

Grosch, J., Prof. Dr.-Ing., und 8 Mitautoren
Werkstoffauswahl im Maschinenbau
263 Seiten, DM 67,50
ISBN 3-88508-913-0

Heubner, Ulrich, Dr.-Ing., und 7 Mitautoren
Nickellegierungen und hochlegierte Sonderedelstähle
227 Seiten, DM 48,–
ISBN 3-8169-0005-4

Kerspe, Jobst, Dr.-Ing.
Vacuumtechnik in der industriellen Praxis
ca. 220 Seiten, ca. DM 52,–
ISBN 3-8169-0121-2

Kolerus, Josef, Dr.
Zustandsüberwachung von Maschinen
263 Seiten, DM 59,50
ISBN 3-8169-0114-X

Lenzkes, Dieter, und 8 Mitautoren
Hebezeugtechnik
262 Seiten, DM 69,50
ISBN 3-8169-0008-9

Neumann, Herbert, Dipl.-Ing.
Schweißen mit Stabelektroden
4., bearb. Auflage
160 Seiten, DM 32,80
ISBN 3-8169-0062-3

Pucher, Helmut, Prof. Dr., u.a.
Aufladung von Verbrennungsmotoren
ca. 244 Seiten, ca. DM 59,–
ISBN 3-88508-981-5

Pucher, Helmut, Prof. Ing., und 7 Mitautoren
Gasmotorentechnik
229 Seiten, DM 65,–
ISBN 3-8169-0099-2

Pulker, Hans K., Dr., und 9 Mitautoren
Verschleißschutzschichten unter Anwendung von CVD/PVD-Verfahren
296 Seiten, DM 67,50
ISBN 3-8169-0070-4

Schekulin, K., Prof. Dipl.-Ing., und 4 Mitautoren
Gestalten und wirtschaftliches Fertigen von Präzisions-Zahnrädern
148 Seiten, DM 44,–
ISBN 3-8169-0057-7

Schreiner, Alexander, Dr.-Ing., und 4 Mitautoren
Wärmebehandlungsverfahren zur Verschleißminderung von Fahrzeugteilen
ca. 200 Seiten, ca. DM 48,–
ISBN 3-8169-0120-4

Weiler, W., Prof. Dr.-Ing., und 3 Mitautoren
Härteprüfung an Metallen und Kunststoffen
339 Seiten, DM 69,50
ISBN 3-8169-0013-5

Fordern Sie unsere Fachverzeichnisse an. Tel. 07031/84071

expert verlag GmbH, Goethestraße 5, 7031 Ehningen bei Böblingen